计算机网络安全技术与应用研究

胡元闯　著

中国纺织出版社有限公司

内 容 提 要

本书旨在系统地探讨和分析计算机网络安全技术与应用研究的最新进展和未来趋势。本书共有六章：绪论、计算机网络安全技术基础、网络攻击与防御技术、无线网络安全、云计算与大数据安全、网络安全技术的未来发展。读者阅读本书能够了解目前的网络安全格局以及未来研究方向。希望本书能够激发更多学者和工程师投身于网络安全技术的研究，为构建更加安全和谐的网络空间贡献力量。

图书在版编目（CIP）数据

计算机网络安全技术与应用研究 / 胡元闯著.
北京：中国纺织出版社有限公司，2024．11． -- ISBN
978-7-5229-2349-9

Ⅰ．TP393.08

中国国家版本馆 CIP 数据核字第 2024RH3025 号

责任编辑：史 岩 杨宁昱 责任校对：李泽巾 责任印制：储志伟

中国纺织出版社有限公司出版发行
地址：北京市朝阳区百子湾东里 A407 号楼 邮政编码：100124
销售电话：010—67004422 传真：010—87155801
http://www.c-textilep.com
中国纺织出版社天猫旗舰店
官方微博 http://weibo.com/2119887771
河北延风印务有限公司印刷 各地新华书店经销
2024 年 11 月第 1 版第 1 次印刷
开本：710×1000 1/16 印张：11.25
字数：200 千字 定价：99.90 元

凡购本书，如有缺页、倒页、脱页，由本社图书营销中心调换

前　言

　　随着信息技术的迅猛发展，计算机网络已经深刻融入人类社会的各个层面。网络已经成为经济、社会和文化活动的重要支撑。然而，网络的普及与广泛应用也带来了前所未有的安全挑战。网络攻击事件频繁发生，不仅对个人隐私和企业利益造成严重威胁，还为国家安全埋下了重大隐患。基于此，计算机网络安全技术的研究显得尤为重要。

　　本书旨在系统地探讨和分析计算机网络安全技术与应用研究的最新进展和未来趋势。作为一名从事相关工作多年的研究人员，笔者深知网络安全技术对信息社会的重要性。多年来，随着网络攻击手段的不断演化，安全防御技术也随之不断进步。笔者希望本书能让读者有所感悟，并为未来的研究和应用提供一些有价值的参考。

　　计算机网络安全技术的研究包括多个层面和方向。基础理论的研究是关键。只有深入理解网络安全的基本概念、模型和体系结构，才能开展更加深入和广泛的研究。第一章介绍了研究背景、目的和意义。第二章详细介绍了网络安全的基础知识，包括网络安全的定义、模型、体系结构以及密码学的基本原理。密码学作为网络安全的重要支撑技术，其对称加密和非对称加密、密钥管理与分发、数字签名与认证等内容将为读者提供坚实的理论基础。

　　在基础理论的支撑下，网络攻击与防御技术的研究是网络安全领域的核心。第三章聚焦网络攻击技术，探讨常见的网络攻击手段、攻击工具与平台，并通过案例分析揭示攻击路径和防御措施。这部分研究不仅能帮助读者理解攻击者的行为模式，还能为设计有效的防御策略提供思路。

　　无线网络的快速发展带来便捷的同时也引发了新的安全问题。第四章深入探讨无线网络的安全威胁与防御技术，包括无线加密技术、身份认证技术和入侵检测技术等。通过阅读对无线网络安全技术的研究成果，读者可以了解如何在无线网络环境中保护数据传输的安全性。

　　云计算与大数据已经成为信息技术的重要组成部分，其安全问题日益受到关注。第五章详细介绍云计算与大数据安全的相关技术和应用，包括云计算安全模型、大数据安全隐患与保护措施等，让读者了解在云计算环境下如何保障数据的安全性和隐私性。

网络安全不仅是技术问题，更是管理与政策问题。第六章从管理和政策的角度探讨网络安全管理的框架与策略，分析国内外网络安全法律法规及其实施情况。这部分研究将为读者提供全面的网络安全治理思路，并帮助读者理解法律法规在网络安全治理中的重要作用。

在未来世界，新兴技术的迅猛发展将继续影响网络安全的格局。第六章还探讨了物联网、人工智能、区块链等新兴技术对网络安全的影响，并分析网络安全技术的发展趋势和应用前景。通过这部分内容，读者可以了解未来网络安全技术的研究方向和可能的突破口。

本书写作基于笔者多年的研究积累和教学实践，也得益于众多同行专家的指导和支持。在此，笔者向所有提供过支持和帮助的同人表示衷心的感谢。希望本书能够为广大读者提供有价值的参考，推动网络安全技术的研究与应用不断向前发展。

网络安全是一场没有终点的竞赛，只有不断创新和进步，才能在这场竞赛中占据主动。笔者希望本书能够激发更多学者和工程师投身于网络安全技术的研究，为构建更加安全和谐的网络空间贡献力量。

著者

2024 年 10 月

目　录

第一章 绪 论

计算机网络的迅猛发展深刻改变了社会各个层面的发展，从信息传播到经济活动，网络无处不在。然而，网络的普及也带来了前所未有的安全挑战。频繁发生的网络攻击不仅威胁个人隐私和企业利益，更为国家安全埋下重大隐患。因此，研究计算机网络安全技术已成为当务之急。

本章首先介绍计算机网络安全技术的研究背景，梳理网络安全问题的产生与演变，强调网络安全技术的重要性与必要性。理解这些背景知识，有助于读者全面认识当前网络安全面临的挑战和机遇。此外，明确研究的目的与意义，是深入开展网络安全技术研究的基础。本章通过探讨研究的目的和实际意义，可以更好地指导后续研究工作的开展。另外，本章还将详细说明论文的结构与主要内容，以使读者更好地理解本研究的逻辑框架和研究方法。对研究方法与手段的介绍，有助于读者了解研究过程中所采用的技术和分析工具。预期成果与贡献的描述，可以明确本研究在学术界和实际应用中的价值。本章旨在为全书奠定理论和实践基础，通过系统地介绍研究背景、目的、意义以及整体结构，为后续章节的详细讨论做好铺垫。

第一节 研究背景

计算机网络已经成为现代社会的基础设施之一。其广泛应用不仅促进了信息的快速传播和资源的高效利用，也催生了大量的创新科技和新兴商业模式。然而，网络的广泛使用也引发了严重的安全问题。深入研究计算机网络安全技术，寻求有效的防护措施，成为当前亟待解决的重要课题。本节将探讨计算机网络安全技术的历史演变、当前形势以及未来挑战，帮助读者全面了解研究背景。

一、计算机网络发展的历史与现状

（一）计算机网络的发展历程

1. ARPANET 的诞生与初期发展

计算机网络的发展可以追溯到 20 世纪 60 年代，当时美国国防部启动了一项名为 ARPANET 的研究项目。ARPANET 的目标是实现多个计算机系统之间的资源共享，并提高通信的可靠性。1969 年，ARPANET 正式上线，最初连接了加州大学洛杉矶分校、斯坦福研究所、加州大学圣塔芭芭拉分校和犹他大学四个节点，这标志着计算机网络的诞生。

ARPANET 的早期发展集中在网络协议的研究和标准化上。20 世纪 70 年代初，ARPANET 逐渐扩展，加入了更多的节点和用户，推动了网络协议的标准化进程。1973 年，TCP/IP 协议的提出和发展为不同网络之间的互联奠定了基础。TCP/IP 协议的设计考虑了可靠性和扩展性，使得 ARPANET 能够支持多种类型的计算机系统和通信链路。

ARPANET 的成功证明了计算机网络的可行性和潜力，为后续互联网的发展奠定了基础。到 20 世纪 70 年代末，ARPANET 已经连接了数十个节点，并通过卫星和无线链路实现了跨大陆和跨大西洋的连接。ARPANET 不仅推动了计算机科学的进步，还促进了网络技术的普及和应用。

2. TCP/IP 协议的确立

1973 年，Vint Cerf 和 Bob Kahn 提出了 TCP/IP 协议，这一协议成为互联网的基石。TCP/IP 协议的设计旨在解决不同计算机网络之间的互联问题，通过分层结构和标准化接口，实现了网络的高度灵活性和可扩展性。TCP/IP 协议包括两个主要部分：传输控制协议（TCP）和互联网协议（IP）。TCP 负责确保数据包的可靠传输，而 IP 负责数据包的寻址和路由。

1983 年，ARPANET 正式转向 TCP/IP 协议，这标志着现代互联网的诞生。TCP/IP 协议的采用，使得不同网络之间能够无缝连接和通信，为互联网的全球化扩展奠定了基础。20 世纪 80 年代中期，TCP/IP 协议被美国国家科学基金会（NSF）选择作为 NSFNET 的基础协议，进一步推动了其普及和应用。随着 TCP/IP 协议的广泛采用，计算机网络开始迅速扩展，连接了越来越多的计算机和用户。TCP/IP 协议的标准化和开放性，使得各类计算机系统和网络设备能够互操作，促进了网络技术的创新和发展。到 20 世纪 80 年代末，TCP/IP 协议已经成为全球范围内计算机网络的标准协议，奠定了互联网进一步发展的基础。

3. NSFNET 的建立

20 世纪 80 年代，美国国家科学基金会资助建立了 NSFNET，将美国各地的大学和研究机构连接起来。NSFNET 的建立是为了替代 ARPANET，成为一个规模更大和性能更高的研究网络。NSFNET 的骨干网络最初运行在传输速率为 56Kbps 的线路上，但随着需求的增长，线路的传输速率很快升级到 1.5Mbps（T1）和 45Mbps（T3）。

NSFNET 不仅连接了全美的学术机构，还通过国际链路连接了其他国家的研

究网络。NSFNET 的成功运营，极大地推动了网络技术的发展和普及。NSFNET
采用 TCP/IP 协议，使得连接的各类计算机系统和网络设备能够无缝互操作，这
为互联网的发展提供了坚实的技术基础。

商业互联网服务提供商的相继出现，使 NSFNET 逐渐转向商业化运营。
1995 年，NSFNET 的骨干服务正式关闭，其基础设施和运营模式被私营企业接
管。但是，NSFNET 的功劳不仅在于其推动了互联网的快速扩展和普及，还在于
其为商业互联网的发展奠定了基础。NSFNET 的经验教训对后来的互联网治理和
管理产生了深远影响。

4. 万维网的发明与普及

20 世纪 90 年代是互联网快速发展的黄金时期，尤其是万维网（WWW）的
发明和推广。万维网由英国计算机科学家蒂姆·伯纳斯-李于 1989 年在欧洲核子
研究中心（CERN）提出，它旨在通过超文本链接实现信息的互联和共享。1991
年，万维网首次对外公开，使得用户可以通过浏览器访问和浏览网页内容。

1993 年，第一款图形化网页浏览器 Mosaic 推出。Mosaic 简化了网页浏览的
操作，使得普通用户也能轻松使用互联网，极大地促进了万维网的普及。互联网
用户数量迅速增加，各种网络应用如电子邮件、文件传输、在线聊天等不断涌
现，推动了网络技术的进一步发展。

万维网的普及带来了互联网的爆发式增长。互联网迅速成为信息传播、商业活
动和社会互动的重要平台。万维网不仅改变了信息的传播方式，还深刻影响了社会
的各个方面，包括教育、娱乐、商业和社交等。20 世纪 90 年代末，互联网已经成
为全球信息基础设施的重要组成部分。

5. 新千年的技术革新与应用

进入 21 世纪，互联网技术继续快速发展加快了全球信息化进程。宽带技术
的普及使得互联网接入速度显著提高，用户体验得到了极大改善。数字用户线路
（DSL）、光纤到户（FTTH）等技术的推广，使得家庭和企业用户能够享受高速
稳定的网络连接。与此同时，Wi-Fi 和移动通信技术的发展，使得无线互联网接
入变得更加便捷。

云计算技术的兴起为互联网应用带来了革新。云计算通过虚拟化和分布式计
算，实现了计算资源的动态分配和按需使用。亚马逊云科技（AWS）、微软云计
算（Microsoft Azure）和谷歌云（Google Cloud）等云服务平台，为企业和开发
者提供了强大的计算和存储能力，推动了互联网服务的快速迭代和创新。

大数据和人工智能技术的发展进一步拓展了互联网的应用场景。通过对海量
数据的存储和分析，大数据技术揭示了数据背后的价值，推动了各行各业的数字
化转型。人工智能技术在图像识别、自然语言处理和自动驾驶等领域取得了重大

突破，赋能了智能应用的发展。互联网已经不只是信息传递的工具，更成为推动社会创新和进步的关键力量。

（二）计算机网络发展的现状

1.网络基础设施的扩展与升级

当前的全球计算机网络基础设施不断扩展和升级，为各类互联网应用提供了坚实的支撑。光纤网络的大规模铺设使得网络传输速度显著提升，用户可以享受到更高带宽和更低延迟的网络服务。与此同时，5G网络的部署进一步推动了移动互联网的发展，使得移动设备能够实现高速、稳定的网络连接。5G技术不仅提升了用户体验，还为物联网（IoT）、自动驾驶等新兴应用提供了技术保障。此外，海底光缆建设加快了全球网络的互联互通。跨洲的海底光缆网络，确保了各大洲之间的数据高速传输和可靠连接。这些基础设施的建设，不仅满足了日益增长的网络需求，也为未来网络应用的发展奠定了基础。数据中心建设也在快速推进，全球范围内涌现了大量高效能的数据中心，这些数据中心通过高性能计算和大规模存储，支撑了云计算和大数据应用的需求。计算机网络基础设施的不断完善和升级，为全球互联网的发展提供了强大动力，也为未来技术的创新和应用开辟了新的空间。

2.云计算和大数据的普及

云计算和大数据技术的普及极大地改变了计算和存储资源的使用方式。云计算通过提供弹性、高效和按需使用的计算资源，降低了企业的IT成本，并加快了应用开发和部署的速度。主要云服务提供商，如Amazon Web Services（AWS）、Microsoft Azure和Google Cloud，已经成为企业和开发者进行云端部署的首选平台。这些平台提供了丰富的服务和工具，从基础设施即服务（IaaS）到软件即服务（SaaS），涵盖了广泛的应用需求。

大数据技术的发展使得对海量数据的存储、处理和分析成为可能。Hadoop、Spark等大数据处理框架，能够高效地处理和分析大规模数据集，为企业决策提供有力支持。大数据技术被广泛应用于金融、医疗、零售等行业，通过数据挖掘和分析，揭示了数据背后的价值，推动了商业模式的创新和优化。随着云计算和大数据的普及，数据的共享和协作变得更加便捷。这不仅提高了工作效率，还促进了创新和合作。云计算和大数据的结合使得企业能够更加精准地把握市场动向和客户需求，实现业务的持续增长和竞争力的提升。

3.物联网（IoT）的广泛应用

物联网技术的广泛应用推动了网络连接的进一步扩展。物联网通过将各种设备连接到互联网，实现了设备之间的数据交换和智能控制。智能家居、智慧城市、工业物联网等应用场景的落地，使得物联网逐渐融入人们的日常生活和工作。智能家居设备，如智能灯泡、智能门锁和智能恒温器，使家庭生活更加便捷和智能化。

智慧城市的建设，通过物联网技术的应用，实现了城市基础设施的智能管理。智能交通系统、智能电网和环境监测系统等，提高了城市管理效率和质量，改善了市民的生活环境。工业物联网的应用使得制造业实现了智能化转型。通过传感器和网络设备，工厂能够实时监控生产设备和生产过程，提高生产效率和产品质量。

物联网的广泛应用也带来了数据安全和隐私保护的新挑战。如何保障物联网设备和网络的安全，防止数据泄露和网络攻击，是当前物联网发展面临的重要课题。随着技术的不断进步，物联网将在更多领域发挥重要作用，推动社会的数字化和智能化转型。

4. 网络安全的持续强化

随着网络技术的发展，网络安全问题日益凸显。网络攻击的复杂性和多样性不断增强，网络安全成为全球关注的焦点。各类网络攻击手段，如 DDoS 攻击、恶意软件和钓鱼攻击，频繁威胁个人、企业和国家的网络安全。为应对这些威胁，各种先进的网络安全技术和防护措施不断涌现。

防火墙、入侵检测系统（IDS）和入侵防御系统（IPS）等传统网络安全技术，仍在发挥重要作用。与此同时，基于人工智能的网络安全技术，显著提升了威胁检测和响应效率。通过对网络流量和行为数据的分析，智能安全系统能够实时识别和应对复杂的网络攻击。

网络安全法规和政策的制定和实施也在不断加强。全球各国纷纷出台相关法律法规，规范网络行为，保护用户数据隐私。企业和机构也在加强网络安全意识，通过安全培训和应急演练，增强员工的安全意识和应对能力。总体而言，网络安全的持续强化，为网络的健康发展提供了坚实保障。

5. 人工智能与网络技术的深度融合

人工智能技术正在飞速发展，同时与网络技术深度融合，促进了网络应用的智能化。人工智能在网络管理、网络优化和网络安全等领域的应用，使得网络系统能够自我学习和自我优化。通过机器学习，网络系统能够分析大量的网络数据，识别潜在的问题和优化方案。

在网络管理方面，人工智能技术实现了网络的自动化运维。智能路由、智能流量管理和智能故障诊断等技术，提高了网络的运行效率和可靠性。人工智能还在网络安全中发挥重要作用，通过分析网络流量和用户行为，智能安全系统能够快速识别和响应网络威胁，提高了网络的安全性。

人工智能技术的应用推动了网络服务的个性化和智能化。智能推荐系统、智能搜索和智能客服等功能，为用户提供了更加精准和便捷的服务体验。随着人工智能技术的不断进步，网络应用将更加智能化，并为用户带来更多便利和创新体验。网络与人工智能的深度融合，正在为未来的智能社会奠定基础。

二、网络安全问题的产生与演变

（一）网络安全问题的早期形态

网络安全问题的产生可以追溯到计算机网络诞生初期。ARPANET 在 1969年上线后不久，就面临基础性的安全威胁。当时的网络攻击主要集中在物理破坏和设备失窃方面，较少涉及复杂的软件攻击。由于网络节点数量少，软件攻击行为通常由内部人员发起，其目的是测试网络系统的脆弱性。

早期的网络安全问题还包括电子邮件诈骗和未授权访问。由于安全意识和技术手段的不足，网络系统常常成为未经授权访问的目标。黑客利用系统漏洞和密码破解技术，轻松获取敏感信息，进行非法活动。这些攻击不仅暴露了早期网络系统的安全漏洞，也促使网络安全技术的初步发展。随着网络的扩展，安全问题的复杂性逐渐增加。早期网络攻击的手段虽然相对简单，但对网络系统的威胁却逐步显现。这一时期的网络安全研究主要集中在如何防止未授权访问和保护数据完整性上。尽管如此，网络攻击的技术和手段开始多样化，促使研究人员不断探索新的防护措施。

（二）计算机病毒与恶意软件的兴起

20 世纪 80 年代，计算机病毒和恶意软件开始成为主要的网络安全威胁。计算机病毒通过感染文件或系统，进行自我复制并传播，给用户带来严重损失。第一个被广泛报道的计算机病毒是 1986 年的 C-BRAIN 病毒，它感染了 MS-DOS系统的引导扇区，并迅速传播到全球。

恶意软件（Malware）的种类也在这一时期逐渐增多，包括蠕虫、特洛伊木马和间谍软件等。蠕虫通过网络自我复制，能够快速传播并感染大量计算机系统。1988 年的莫里斯蠕虫（Morris Worm）是第一个在互联网上广泛传播的蠕虫病毒，导致大规模的系统瘫痪，促使网络安全社区开始重视蠕虫的威胁。

特洛伊木马和间谍软件的出现，使得网络攻击手段更加隐蔽和复杂。特洛伊木马通过伪装成合法软件，诱骗用户安装，从而控制受感染的系统。间谍软件则通过窃取用户的敏感信息，用于非法目的。这些恶意软件的兴起，极大地推动了防病毒软件和网络安全防护技术的发展。

（三）分布式拒绝服务（DDoS）攻击与网络犯罪

进入 20 世纪 90 年代，分布式拒绝服务（DDoS）攻击成为一种常见的网络攻击手段。DDoS 攻击通过大量合法请求占用目标系统的资源，导致其无法正常提供服务。这类攻击不仅对商业网站和在线服务造成严重影响，也给网络基础设施带来巨大压力。

DDoS 攻击的实施通常借助大量受感染的计算机（僵尸网络），这些受感染的计算机被攻击者远程控制，用于同时向目标系统发送请求。1996 年，Panix 公司遭遇的 DDoS 攻击，这次攻击使得 Panix 的网络服务中断数天，暴露了互联网服务的脆弱性。

网络犯罪在这一时期也迅速增加，包括身份盗窃、金融欺诈和知识产权盗窃等。攻击者利用网络漏洞和社会工程学手段，获取用户的个人信息和财务数据，用于非法牟利。这类犯罪活动的增加，促使法律和执法机构加大对网络犯罪的打击力度，同时推动了网络安全技术的发展。

（四）社交工程与高级持续性威胁

21 世纪初，社交工程成为一种广泛使用的网络攻击手段。社交工程通过心理操纵，诱使用户泄露敏感信息或执行不安全操作。网络钓鱼（Phishing）是社交工程的典型应用，攻击者通过伪装成合法机构，诱骗用户提供密码、信用卡号码等敏感信息。

高级持续性威胁（APT）是另一种复杂的攻击手段，通常由国家或组织资助，针对特定目标进行长期的网络攻击。APT 攻击通常包括多阶段操作，从初始渗透到数据窃取，再到维持对目标系统的长期控制。APT 攻击的目标常常是政府机构、大型企业和关键基础设施。这类攻击的复杂性和隐蔽性，使得传统的网络安全防护手段难以检测和应对。APT 攻击的出现，促使网络安全技术向更加智能化和综合化的方向发展。态势感知、威胁情报和高级防护系统成为应对 APT 攻击的重要手段，网络安全的研究和实践进入了一个新的阶段。

（五）云计算与移动互联网的安全挑战

21 世纪初，云计算和移动互联网的普及，带来了新的网络安全挑战。云计算可以提供弹性、高效的计算资源，然而，云计算环境的多租户特性和复杂的基础设施，使得数据的机密性和完整性面临严峻考验。

云计算中的安全问题主要包括数据泄露、账户劫持和不安全的 API。数据泄露，通常由于配置错误或内部人员的恶意行为导致大量敏感信息被非法获取。账户劫持，通过盗取用户的身份验证信息，攻击者可以获取云服务的控制权。不安全的 API 则可能成为攻击者进入云环境的入口，导致数据泄露和系统被破坏。

移动互联网的快速发展使得移动设备成为网络攻击的主要目标。移动设备的多样性和操作系统的复杂性，使得安全防护变得更加困难。恶意应用、操作系统漏洞和不安全的网络连接，是移动互联网面临的主要安全问题。移动设备的丢失和被盗，也可能导致敏感数据的泄露。移动互联网和云计算的结合，使得网络安全问题更加复杂和多样化。为了应对这些挑战，网络安全技术不断创新和进步。虚拟化安全、移动设备管理（MDM）和端点检测与响应（EDR）等技术，成为保护云计算和移动互联网环境的重要手段。

（六）区块链与物联网的安全挑战

区块链技术因其去中心化和不可篡改的特性，被广泛应用于金融、供应链和智能合约等领域。然而，区块链也面临独特的安全挑战。共识机制的攻击、智能合约漏洞和密钥管理问题，是区块链安全的主要威胁。

共识机制的攻击包括 51% 攻击和女巫攻击，前者通过控制网络的大部分计算能力篡改交易记录，后者通过伪造多个身份破坏共识过程。智能合约漏洞则可能被恶意利用，导致合约执行错误或资产被盗。密钥管理问题在于用户必须妥善保管自己的密钥，密钥一旦丢失或被盗，资产将无法恢复。

物联网（IoT）的广泛应用，使得网络安全问题更加复杂。物联网设备种类繁多，分布广泛，且大多资源受限，难以部署传统的安全措施。物联网设备的安全问题主要包括设备漏洞、数据传输安全和设备认证等。

物联网设备的漏洞可能被利用进行大规模的网络攻击，例如 Mirai 僵尸网络就是通过感染大量物联网设备发起的 DDoS 攻击。数据传输安全问题在于物联网设备通常通过无线网络传输数据，容易被截获和篡改。设备认证问题在于如何确保物联网设备的合法性，防止伪造和未授权设备接入网络。为应对区块链和物联网的安全挑战，研究人员不断探索新的安全技术和防护措施。区块链的智能合约审核、物联网的轻量级加密和分布式安全架构，都是当前研究的热点方向。

（七）人工智能与网络安全的相互影响

人工智能（AI）技术的发展，对网络安全防护产生了深远影响。AI 技术通过对大数据的分析，能够自动检测和响应网络威胁，提高网络安全防护的效率和准确性。AI 在入侵检测系统（IDS）、恶意软件检测和行为分析等领域展现了强大的应用潜力。

AI 技术在网络安全中的应用主要体现在自动化威胁检测和智能响应方面。通过对网络流量和用户行为的分析，AI 系统能够实时识别异常行为和潜在威胁，并自动采取防护措施。这不仅减少了人工监控的负担，也提高了威胁响应的速度和效果。然而，AI 技术也可能被攻击者利用，产生新的安全威胁。对抗样本攻击是其中之一，攻击者通过对输入数据进行微小修改，使 AI 系统产生错误判断，从而逃避检测或实施攻击。此外，AI 系统自身的漏洞和数据隐私问题，也可能成为攻击者的目标。

网络安全研究需要不断创新，以此应对 AI 技术带来的新挑战，通过加强 AI 系统的安全性和鲁棒性，改进数据保护措施，提升 AI 技术在网络安全中的应用效果。同时，研究人员还需要探索 AI 技术在网络攻防对抗中的应用，提高整体网络安全水平。

（八）未来网络安全技术的发展方向

未来的网络安全技术将继续朝着智能化、自动化和综合防护的方向发展。智能化的安全技术通过大数据分析，提高威胁检测和响应的准确性。自动化的安全工具和平台，通过自动执行安全任务，提高安全管理效率和效果。综合防护体系通过多层次、多维度的防护措施，构建全方位的安全保障体系。

在网络安全技术方面，未来的网络安全技术将更加注重态势感知和威胁情报的应用。通过实时监控和分析网络环境，态势感知系统能够提前识别潜在威胁，进行预警和防护。威胁情报通过搜集和分析攻击者的行为和手段，为安全防护提供有力支持。两者的结合，将显著提升网络安全的整体防护能力。

总之，网络安全问题的产生与演变是一个不断发展的过程。随着技术的进步和应用的扩展，网络安全面临的挑战也在不断变化。通过持续的技术创新和策略优化，我们可以构建更加安全可靠的网络环境，推动社会的数字化和智能化进程。

三、网络安全技术的必要性与重要性

（一）网络安全技术的基础保障作用

在信息化社会，计算机网络已成为日常生活和商业运作的基石，网络安全技术对于保护这些网络至关重要。现代社会依赖网络进行数据传输和存储，确保这些数据的安全性是网络安全技术的首要任务。通过加密技术，数据在传输过程中可以得到有效保护，防止被未经授权的实体读取和修改。

身份认证和访问控制是网络安全技术的重要组成部分，保障了只有授权用户才能访问特定数据和系统。这些技术通过多层次的验证手段，确保了系统的安全性。访问控制措施则通过定义用户权限，限制了数据的访问范围，防止数据泄露和滥用。防火墙和入侵检测系统等技术工具，通过监控网络流量和分析异常行为，能够及时发现并阻止潜在的威胁。这些技术手段的有效应用，能够防止恶意软件和 DDoS 攻击等常见网络威胁，确保网络系统的安全性和可靠性。

（二）经济领域中的网络安全技术

网络安全技术在经济领域中的作用愈加显著。随着电子商务和数字金融的普及，网络平台成为经济活动的重要载体，因此网络安全的保障变得尤为关键。电子商务网站通过安全协议保护交易数据和用户信息，防止数据在传输过程中被截获和篡改。

数字金融的兴起依赖于强大的网络安全技术来保护交易的安全性。银行和金融机构采用防火墙、入侵检测系统等技术，确保金融交易的保密性和完整性。数字货币和区块链技术的应用，通过去中心化和加密算法，提供了新的安全保障机制，防止交易数据被篡改和伪造。

经济活动的安全性直接影响市场的稳定和信任度。任何一次严重的网络安全事件，都可能对经济造成巨大冲击，导致金融市场的波动和企业的损失。通过不断提升网络安全技术，经济活动得以顺利进行，市场能够健康发展。

（三）社会稳定中的网络安全技术

网络安全技术对于维护社会稳定至关重要。随着互联网的普及，社交媒体和在线平台成为信息传播的主要渠道。然而，网络谣言、虚假信息和恶意内容的传播，对社会稳定构成了严重威胁。网络安全技术在信息监管和内容审核方面发挥了关键作用。通过应用自然语言处理和机器学习技术，内容审核系统可以自动识别和过滤不良信息，防止其在网络上的传播。实时监控和快速响应机制，可以及时发现并处理网络谣言和虚假信息，减小其对社会的负面影响。这些技术手段确保了信息传播的真实性和合法性，维护了社会的稳定。

公共服务和基础设施的安全同样依赖网络安全技术。电力、交通和水利等关键基础设施的管理和控制，越来越依赖网络系统。任何针对这些系统的攻击都可能导致严重的社会后果。社会各领域通过部署先进的网络安全防护措施，可以有效保护关键基础设施的安全，确保公共服务的稳定运行。

（四）国防中的网络安全技术

在现代战争形态中，网络安全技术成为国防安全的重要组成部分。国家的军事指挥、武器控制和情报系统高度依赖网络技术进行运作，保护这些系统免受网络攻击，是国家安全的重要任务。网络安全技术在军事领域的应用，涵盖了防御、攻击和情报搜集等多个方面。

多层次的网络防御体系可以有效抵御敌对国家或组织的网络攻击。军队通过网络攻防演练和模拟仿真技术，提高了在网络战中的作战能力。网络情报技术，通过监控和分析网络通信，获取敌方情报信息，增强了国防的预警和决策能力。

国防工业的安全同样需要网络安全技术的保障。军工企业在生产和研发过程中，涉及大量敏感信息和技术数据。国防工业通过应用先进的网络安全技术，能够防止这些信息和数据被窃取或破坏，保障国防安全和技术优势。网络安全技术在国防中的应用，直接关系到国家的安全和战略利益。

（五）网络安全技术与人工智能结合

AI 技术的发展为网络安全技术的创新提供了新的机遇。AI 技术在网络安全中的应用，主要体现在威胁检测、行为分析和自动响应等方面。通过对大量网络数据的分析，AI 系统能够发现潜在的安全威胁，提供精准的预警和防护措施。

AI 技术显著提高了网络安全系统的威胁检测能力。传统威胁检测系统依赖预定义规则和特征，难以应对新型和变种的网络攻击。而 AI 技术通过机器学习，可以自动学习和识别新的攻击模式，增强了检测的准确性和及时性。

在行为分析方面，AI 技术能够对用户和设备的行为进行持续监控和分析，发现异常行为和潜在威胁。构建用户和设备的行为模型，AI 系统可以自动识别异常行为，并触发相应防护措施。自动响应技术，通过预定义安全策略和操作，自动处理安全事件，减少人工干预，提高响应效率和效果。

（六）教育与培训中的网络安全技术

在教育和培训中，网络安全技术的应用非常广泛。网络安全威胁不断增加，网络安全人才需求迅速增长。教育机构通过网络安全课程和培训项目，培养具备专业知识和技能的网络安全人才，保障社会的安全需求。

在教育方面，网络安全课程涵盖了基础、攻击与防御、密码学、计算机取证等领域。通过理论教学和实践操作，学生全面了解网络安全技术原理和应用，掌握应对网络威胁的方法和技能。实验室环境和仿真平台应用，使学生可以在真实网络环境中进行演练，提升实践能力。

在培训方面，企业和机构通过网络安全培训项目，增强员工的安全意识和应对能力。定期安全培训和演练，使员工及时了解最新安全威胁和防护措施，增强整体安全防护能力。高级培训项目和认证课程，为专业网络安全人员提供深入知识和技能，提升其专业水平和竞争力。

（七）保护个人隐私的网络安全技术

个人隐私保护是网络安全技术的重要应用领域。信息化程度提高，个人数据采集和利用变得广泛且普遍，但数据泄露和滥用带来严重隐私风险。网络安全技术在保护个人隐私方面，发挥关键作用。

加密技术是保护个人隐私的主要手段之一。对个人数据加密可以有效防止未经授权第三方访问和读取数据。端到端加密技术可以确保数据在传输过程中的安全性，即使被截获也无法解读。身份认证技术通过多因素认证提高账户安全性，防止身份被盗用和数据泄露。

数据匿名化技术，通过数据脱敏处理，防止数据直接关联和识别。匿名化技术在数据共享和分析中，可确保个人隐私保护，满足法律和监管要求。隐私保护计算技术，通过在数据使用过程中进行隐私保护计算，防止数据泄露和滥用，保障数据安全和隐私。

（八）应对新型威胁的网络安全技术

网络技术和应用不断发展，新型网络威胁层出不穷。针对这些新型威胁，网络安全技术的不断创新和发展显得尤为重要。新的防护技术和策略，可以有效应对各种复杂多样化的网络威胁，保障网络系统安全和稳定运行。

零信任安全架构，通过不断验证和动态授权，确保每次访问都经过严格审查。零信任架构应用，可以有效防止未授权访问和内部威胁，提升整体安全防护水平。微隔离技术，通过将网络划分为多个独立安全区域，限制威胁传播范围，增强网络防护能力。

态势感知技术，通过对网络环境的实时监控和分析，提前识别潜在威胁，并进行预警和防护。威胁情报技术，通过搜集和分析全球范围内的安全事件和攻击手段，为安全防护提供有力支持。态势感知和威胁情报结合，可以显著提升网络安全整体防护能力，确保网络系统安全稳定运行。

新型威胁的研究和应对，使网络安全技术不断进步，满足日益复杂网络环境的安全需求。未来，随着网络技术和应用的不断发展，网络安全技术将继续发挥关键作用，保障网络系统的安全和稳定运行。探讨计算机网络安全技术的背景，为理解当前的网络安全形势提供了必要的基础。通过梳理网络安全问题的演变过程，我们能够更好地把握网络安全技术的发展方向，为未来的研究和实践奠定坚实的基础。

第二节 研究目的与意义

网络安全问题日益复杂和多样化，迫切需要系统性研究来应对这些挑战。本节将阐述研究计算机网络安全技术的主要目的，包括提高网络系统的防御能力和保障信息安全的具体意义。这些目标不仅有助于学术研究的深化，还具有重要的实际应用价值。

一、研究目的

（一）强化网络安全基础

本研究旨在加强网络安全的基础，确保网络环境的稳定和安全。随着信息技术的迅速发展，网络已成为社会各个领域的重要基础设施。然而，网络攻击的频繁发生对个人、企业和国家安全构成了重大威胁。深入研究网络安全技术，制定有效的防护策略和措施，能够显著提升网络的防御能力。

研究网络安全技术的基础理论，包括密码学、网络协议和安全架构，有利于建立更加安全的网络环境。密码学为数据传输和存储提供了基本的安全保障，网络协议的安全性直接影响整个网络系统的可靠性。本研究通过对这些基础理论的深入研究，可以为网络安全技术的发展提供坚实的理论支撑。探讨各种网络攻击手段及其防御策略，也是本研究的重点之一。网络攻击手段日益复杂和多样化，传统的防护措施已难以应对。本研究通过分析不同类型的网络攻击，了解其工作原理和实现方式，可以为开发新型防御技术提供重要参考。

（二）保障经济活动的安全运行

现代经济高度依赖互联网进行各种交易和信息交流，网络安全问题对经济活动的影响日益显著。通过研究电子商务、数字金融等领域的安全技术，可以有效防范网络欺诈和数据泄露，保障经济活动的顺利进行。

电子商务的快速发展，使得网络交易的安全性成为重要问题。研究网络支付、在线交易的安全机制，能够提高交易的安全性，防止数据在传输过程中被截获和篡改。本研究通过应用 SSL/TLS 加密协议和多因素认证技术，可以有效保护用户的交易信息。

数字金融的兴起，进一步凸显了网络安全的重要性。银行和金融机构通过研究和应用先进的安全技术，确保金融交易的保密性和完整性。区块链技术在数字货币和智能合约中的应用，为金融交易提供了新的安全保障。本研究通过深入研究这些技术，能够推动数字金融的健康发展。

（三）维护社会稳定

网络安全技术对于维护社会稳定具有重要意义。随着社交媒体和网络平台的普及，信息传播的速度不断加快，传播范围日益扩大。网络谣言、虚假信息和恶意内容的传播，对社会稳定构成了严重威胁。研究网络内容审核和信息监管技术，可以有效防止不良信息的传播，维护社会的和谐稳定。通过应用自然语言处理和机器学习技术，开发智能内容审核系统，能够自动识别和过滤不良信息，防止其在网络上的传播。实时监控和快速响应机制，有助于及时发现并处理网络谣言和虚假信息，降低其对社会的负面影响。这些技术手段确保了信息传播的真实性和合法性，维护了社会的稳定。

研究网络安全技术在公共服务和基础设施中的应用，同样具有重要意义。城市的电力、交通、水利等关键基础设施，越来越依赖网络系统进行管理和控制。任何针对这些系统的网络攻击，都可能导致严重的社会后果。研究和应用先进的网络安全防护措施，可以有效保护关键基础设施的安全，确保公共服务的稳定运行。

（四）增强国防安全

本研究还旨在增强国防安全，保障国家利益。现代战争形态已经从传统的物理战场扩展到网络空间，网络战成为国家之间新的对抗形式。研究网络安全技术在军事领域的应用，可以有效防御网络攻击，保护军事指挥系统、武器控制系统和情报系统的安全。

研究网络防御技术，构建多层次的网络防御体系，可以有效抵御敌对国家或组织的网络攻击。网络攻防演练和模拟仿真技术，能够提高军队在网络战中的作战能力，是保障国防安全的重要手段。网络情报技术，通过监控和分析网络通信，获取对方的情报信息，增强国防的预警和决策能力。

国防工业的安全同样需要网络安全技术的保障。军工企业在生产和研发过程中，涉及大量敏感信息和技术数据。研究和应用先进的网络安全技术，能够防止这些信息和数据被窃取或破坏，保障国防工业的安全和技术优势。网络安全技术在国防中的应用，直接关系到国家的安全和战略利益。

（五）推动技术创新

推动网络安全技术的创新，是本研究的另一个重要目的。随着网络技术的不断发展，新型网络威胁层出不穷，传统的安全措施已难以应对。研究和开发新的安全技术和防护措施，能够有效应对各种复杂和多样的网络威胁，保障网络系统的安全和稳定运行。

智能化的网络安全技术通过大数据分析提高威胁检测和响应的准确性和效率。自动化的安全技术，通过自动执行安全任务和流程，减轻人工操作负担，提高安全管理效率。综合化的安全技术，可以将多种安全手段和策略结合，构建全方位的安全防护体系。

（六）保障个人隐私

保障个人隐私是本研究的重要目标之一。信息化程度的提高，使得个人数据的采集和利用变得广泛且普遍。然而，个人数据的泄露和滥用，也带来了严重的隐私风险。

研究网络安全技术在个人隐私保护中的应用，能够为制定更加有效的隐私保护措施提供科学依据。保障个人隐私，不仅是法律和伦理的要求，也是社会信任和信息化发展的基础。不断提升个人隐私保护的技术水平，可以为构建更加安全和可信的网络环境提供有力支持。

（七）应对全球网络安全威胁

现今网络技术的全球化发展，网络安全问题已不再局限于单个国家，而是全球性的问题。国际合作与技术交流，可以共同应对网络安全威胁，维护全球网络空间的安全与稳定。

研究并制定国际网络安全标准和规范，推动各国在网络安全领域的合作与协调，是应对全球网络威胁的重要手段。国际合作可以加大对跨国网络犯罪的打击力度，维护全球网络空间的安全。国际网络安全标准的推广和应用，有助于提高全球网络安全水平，共同应对网络威胁。国际技术交流与合作可以推动网络安全技术的创新与发展。联合研究和技术交流，促进网络安全技术的进步和应用，提升全球网络安全的整体水平。国际合作机制的建立和推广，有助于促进各国在网络安全领域的合作，共同维护全球网络空间的安全与稳定。

（八）增强公众网络安全意识

网络安全不仅是技术问题，更是管理和意识问题。教育和宣传能够提高公众对网络安全的重视程度，可以有效减少人为因素导致的安全风险，构建更加安全的网络环境。

通过网络安全教育，公众能够提高对网络安全的认识和防护能力，了解网络安全的重要性和基本的防护知识。企业和机构通过定期的网络安全培训和演练，增强员工的安全意识和应对能力，减少因人为因素导致的安全风险。网络安全技术的推广和应用，可以增强社会整体的安全意识，构建更加安全的网络环境。

研究网络安全管理技术，通过制定和实施有效的安全策略和措施，保障网络系统的安全和稳定运行。通过加强网络安全管理，企业和机构可以提高安全管理水平，减少因管理不善导致的安全风险。网络安全管理技术的研究和推广，可以提高社会整体的安全管理水平，构建更加安全的网络环境。

二、对实践的指导意义

（一）提高企业网络安全防护能力

研究网络安全技术对提高企业的网络防护能力至关重要。随着企业信息化的发展，网络安全问题日益严峻。通过应用先进的网络安全技术，企业可以有效保护内部数据和业务系统，防止各类网络攻击带来的损失。防火墙和入侵检测系统的部署，可以实时监控网络流量，识别并阻止潜在的攻击行为，从而减少安全事件的发生。

新型安全协议和加密技术的研究能够显著提升企业的数据保护能力。采用最新的加密算法和安全协议，企业可以确保数据在传输和存储过程中的机密性和完整性。这些技术的应用，有助于防止敏感数据被窃取或篡改，保护企业的核心业务和客户信息。通过不断更新和优化安全协议，企业能够保持在信息安全领域的领先地位。此外，网络安全教育和培训对于提升企业员工的安全意识和技能尤为重要。通过定期开展网络安全培训，员工可以了解最新的安全威胁和防护措施，增强工作中的安全意识。企业加强网络安全教育和培训，有助于构建更为坚实的安全防线，减少人为因素导致的安全风险。这种全方位的安全措施，使企业能够更好地应对各种网络安全挑战。

（二）保障电子商务平台的安全运营

研究网络安全技术对保障电子商务平台的安全运营具有重要的实践意义。电子商务平台通过互联网进行交易，涉及大量的用户信息和交易数据，网络安全问题直接影响平台的运营和用户的信任。通过研究并应用先进的网络安全技术，电子商务平台可以有效防范各种网络威胁，确保交易的安全性和可靠性。

在电子商务交易中，SSL/TLS加密协议得到广泛应用。通过加密传输，交易数据可以避免在传输过程中被截获和篡改，从而保护用户的隐私和交易的安全性。电子商务平台通过采用SSL/TLS加密协议，提升其交易系统的安全性，增强用户对平台的信任度。更高的安全性意味着更好的用户体验和更低的风险。同时，多因素认证技术可以有效提升用户账户的安全性。增加额外的验证步骤，用户的身份验证过程变得更加安全，从而减少账户被盗用的风险。电子商务平台通过应用多因素认证技术，能够有效防止账户劫持和身份盗用，保护用户的账户安全。安全的账户系统是用户信任的基石，也是平台发展的重要保障。

在保障交易和账户安全的同时，反欺诈技术在电子商务平台的运营中起重要作用。通过分析交易行为和用户活动，反欺诈系统可以识别并阻止异常交易，防止欺诈行为的发生。电子商务平台通过应用反欺诈技术，能够减少欺诈损失，维护平台的安全和稳定。有效的反欺诈措施可以提升平台的公信力，吸引更多用户和商家。

（三）保护公共基础设施的网络安全

研究网络安全技术对于保护公共基础设施的网络安全具有重要的实践指导

意义。现代城市的电力、交通、水利等关键基础设施，越来越多地依赖网络系统进行管理和控制。确保这些系统的网络安全，是保障公共服务稳定运行的重要前提。网络安全技术的应用，可以有效防止网络攻击对公共基础设施的破坏，保障社会的正常运转。

在此背景下，智能电网的安全保护显得尤为重要。智能电网通过网络系统实现对电力资源的智能管理和调度，一旦遭受网络攻击，会导致大范围的停电和电力资源的损失。加密技术和访问控制机制的应用，可以有效防止未经授权的访问和操作，保护智能电网的安全运行。这不仅有助于提高电力系统的管理效率，还能确保电力供应的稳定。

交通系统的网络安全保护同样至关重要。现代交通系统通过网络实现对交通流量、信号灯和公共交通工具的管理，一旦遭受攻击，会导致交通混乱和安全事故。网络安全技术的应用，可以确保交通系统的正常运行，防止网络攻击对交通管理的干扰。稳定的交通系统是城市高效运转的基础，也是市民出行安全的保障。另外，水利系统的安全保护也是公共基础设施网络安全的重要组成部分。水利系统通过网络实现对水资源的调度和管理，一旦遭受网络攻击，会导致水资源的浪费和供应中断。网络安全技术的应用，可以有效保护水利系统的安全运行，保障水资源的合理利用。安全的水利系统不仅能提高资源利用效率，还能保障居民的基本生活需求。

（四）增强数字政府的安全能力

网络安全技术在增强数字政府的安全能力方面具有重要的实践意义。随着政府部门数字化程度的提高，越来越多的政府服务和业务通过网络平台进行，网络安全问题对政府的运行和公共服务的影响愈加显著。研究和应用先进的网络安全技术，可以有效提升数字政府的安全防护能力，保障政府系统的安全和稳定运行。

在数字政府建设中，政府门户网站的安全保护至关重要。政府门户网站通过网络向公众提供各种服务和信息，一旦遭受网络攻击，会导致网站瘫痪和信息泄露。SSL/TLS 加密协议和防火墙技术的应用，可以有效保护政府门户网站的安全，防止未经授权的访问和攻击。安全可靠的门户网站是政府与公众沟通的重要桥梁。同时，电子政务系统的安全保护至关重要。电子政务系统通过网络实现对政府业务的管理和服务，一旦遭受攻击，会导致政府业务的中断和数据的泄露。网络安全技术的应用，可以有效防止网络攻击对电子政务系统的破坏，保障政府业务的连续性和数据的安全性。稳定的电子政务系统能够提高政府管理效率，增强公共服务效果。

政府内部网络的安全保护是保障政府运行的关键环节。政府内部网络涉及大量敏感信息和业务数据，一旦遭受攻击，会导致信息的泄露和业务的瘫痪。访问

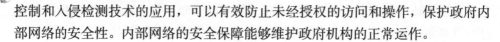

控制和入侵检测技术的应用，可以有效防止未经授权的访问和操作，保护政府内部网络的安全性。内部网络的安全保障能够维护政府机构的正常运作。

（五）提升教育机构的网络安全水平

研究网络安全技术对提升教育机构的网络安全水平具有重要的实践指导意义。随着教育信息化的推进，越来越多的教育活动和管理通过网络平台进行，网络安全问题对教育机构的影响日益显著。研究并应用先进的网络安全技术，可以有效提升教育机构的网络防护能力，保障教育系统的安全和稳定运行。

在教育信息化过程中，校园网络的安全保护是一个重要方面。校园网络通过互联网连接各种教学资源和管理系统，一旦遭受网络攻击，会导致教学活动的中断和数据的泄露。防火墙和入侵检测技术的应用，可以有效防止网络攻击对校园网络的破坏，保障教学活动的正常进行。安全的校园网络为教学和研究活动提供了坚实的基础。

在线学习平台的安全保护同样至关重要。在线学习平台通过网络向学生提供课程和学习资源，一旦遭受网络攻击，可能导致学习活动的中断和学生数据的泄露。研究并应用网络安全技术，可以有效防止网络攻击对在线学习平台的破坏，保障学生的学习活动和数据的安全性。稳定可靠的在线学习平台能够提高教育质量，促进教育公平。此外，教育管理系统的安全保护也是保障教育机构正常运行的重要环节。教育管理系统通过网络实现对学校业务的管理和服务，一旦遭受攻击，会导致业务的中断和数据的泄露。访问控制和数据加密技术的应用，可以有效防止未经授权的访问和操作，保护教育管理系统的安全性。完善的管理系统能够提高学校的管理效率和服务质量。

（六）支持医疗机构的网络安全

研究网络安全技术对支持医疗机构的网络安全具有重要的实践指导意义。随着医疗信息化的推进，越来越多的医疗活动和管理通过网络平台进行，网络安全问题对医疗机构的影响日益显著。研究并应用先进的网络安全技术，可以有效提升医疗机构的网络防护能力，保障医疗系统的安全和稳定运行。

医院信息系统的安全保护是医疗机构网络安全的重要方面。医院信息系统通过网络连接各种医疗设备和管理系统，一旦遭受网络攻击，会导致医疗服务的中断和患者数据的泄露。防火墙和入侵检测技术的应用，可以有效防止网络攻击对医院信息系统的破坏，保障医疗服务的正常进行。安全可靠的信息系统能够提高医疗服务效率和质量。

远程医疗平台的安全保护同样至关重要。远程医疗平台通过网络向患者提供医疗服务，一旦遭受网络攻击，会导致医疗服务的中断和患者数据的泄露。网络安全技术的应用，可以有效防止网络攻击对远程医疗平台的破坏，保障患者的医疗服务和数据的安全性。远程医疗的安全保障能够扩大医疗服务覆盖面，提升医疗服务的可及性。

医疗数据的安全保护是保障医疗机构正常运行的关键环节。医疗数据涉及大量患者的敏感信息和医疗记录，一旦遭受攻击，会导致信息的泄露和数据的损坏。数据加密和访问控制技术的应用，可以有效防止未经授权的访问和操作，保护医疗数据的安全性。医疗数据的安全保障能够维护患者隐私，提升医疗机构的服务水平。

（七）增强社会服务机构的网络安全能力

研究网络安全技术对增强社会服务机构的网络安全能力具有重要的实践指导意义。随着社会服务的网络化发展，越来越多的服务和管理通过网络平台进行，网络安全问题对社会服务机构的影响日益显著。研究并应用先进的网络安全技术，可以有效提升社会服务机构的网络防护能力，保障服务系统的安全和稳定运行。

社会福利系统的安全保护是社会服务机构网络安全的重要方面。社会福利系统通过网络向公众提供各种福利和服务，一旦遭受网络攻击，会导致服务的中断和数据的泄露。应用防火墙和入侵检测技术的应用，可以有效防止网络攻击对社会福利系统的破坏，保障服务的正常进行。安全的社会福利系统能够确保社会资源的公平分配。

公共服务平台的安全保护同样至关重要。公共服务平台通过网络向公众提供各种服务和信息，一旦遭受网络攻击，会导致服务的中断和数据的泄露。网络安全技术的应用，可以有效防止网络攻击对公共服务平台的破坏，保障公众的服务和数据的安全性。稳定可靠的公共服务平台能够提升政府的服务能力和公信力。社区管理系统的安全保护也是保障社会服务机构正常运行的重要环节。社区管理系统通过网络实现对社区业务的管理和服务，一旦遭受攻击，会导致业务的中断和数据的泄露。访问控制和数据加密技术的应用，可以有效防止未经授权的访问和操作，保护社区管理系统的安全性。完善的社区管理系统能够提高社区服务质量，促进社区和谐发展。

明确了研究的目的和意义，为接下来的研究工作指明了方向。通过解决实际网络安全问题，我们不仅能够提升技术水平，还能为社会提供更加安全可靠的网络环境，推动信息化社会的稳步发展。

第二章　计算机网络安全技术基础

计算机网络安全技术的基础理论是网络安全体系的重要支撑。理解网络安全的基本概念、模型和体系结构，是进行深层次研究的前提。网络安全涵盖信息保护、访问控制、身份认证等多个方面，这些基础理论为技术应用提供坚实的理论依据。

安全性在网络环境中不仅包括数据的保密性，还包括数据的完整性和可用性。定义和理解这些基本概念，为网络安全的进一步研究奠定基础。网络安全模型通过抽象网络中的各种安全要素，提供系统化的思考方式。常见的网络安全模型包括 OSI 安全体系结构、互联网安全模型等。

对称加密和非对称加密是密码学的两大基本类型，各有其应用场景和优缺点。对称加密算法，如 AES、DES，在效率上有显著优势；非对称加密算法，如 RSA、ECC 则在密钥分发和数字签名中表现出色。理解这些算法的基本原理和应用，是掌握网络安全技术的关键。

第一节　网络安全概述

网络安全概述部分将介绍网络安全的基本概念和范畴。通过对网络安全模型和体系结构的分析，读者可以初步了解网络安全技术的基本框架。这些概念和模型是进一步研究网络安全技术的重要基础。

一、网络安全的定义与范畴

网络安全是指保护计算机系统和网络免受信息泄露、篡改、破坏、拒绝服务等各种网络攻击，以确保信息的机密性、完整性和可用性。网络安全涵盖的领域广泛，涉及技术、管理和法律等多个方面。

随着现代信息社会的飞速发展，网络安全的重要性日益凸显。互联网和信息技术的普及和不断迭代，使网络渗透到社会生活的方方面面。同时网络的开放性和互联性也使其面临各种安全威胁。因此，网络安全的定义不断地演变，涵盖了从传统的信息保护到复杂的网络空间防御的方方面面。

网络安全的核心目标是保障信息的机密性、完整性和可用性。机密性是指保护信息不被未经授权的实体访问或披露；完整性是指保护信息免遭未经授权的修改或破坏；可用性是指确保信息系统的正常运行，使合法用户能够在需要时访问所需信息。这三大目标构成了网络安全的基本框架，指导各种安全策略和技术的设计和实施。

除了核心目标外，网络安全还涉及身份认证、授权和审计等关键功能。身份认证用于验证用户的身份，确保只有经过授权的用户才能访问系统资源。授权是根据用户的身份和权限，控制其对资源的访问行为。审计则是记录和分析系统活动，发现和追踪异常行为。这些功能共同构成了一个完整的网络安全体系，确保系统在受到攻击时能够迅速响应并恢复。

随着网络技术的飞速发展，网络安全的范畴不断扩展。传统的网络安全主要集中在计算机系统和局域网的保护，而现代网络安全则涵盖了广域网、无线网络、移动互联网、云计算和物联网等多个领域。每个领域都有其独特的安全需求和挑战，需要针对性地设计和实施安全策略。

在广域网和无线网络中，网络安全面临的主要威胁包括信息截获、非法入侵和拒绝服务攻击。为了应对这些威胁，网络安全技术需要结合加密技术、访问控制和入侵检测系统等多种手段，构建多层次的防护体系。在移动互联网和云计算环境中，数据的分布式存储和访问带来了新的安全挑战，需要通过虚拟化安全、数据加密和多因素认证等技术手段，确保数据在传输和存储过程中的安全性。

物联网的兴起为网络安全提出了新的课题。物联网设备数量庞大、分布广泛，且大多数设备计算能力有限，难以运行复杂的安全算法。物联网安全需要在轻量级加密、设备认证和网络隔离等方面进行创新，确保物联网环境的整体安全性。此外，物联网设备与传统信息系统的互联互通也带来了新的安全隐患，需要在系统设计和运行过程中充分考虑网络安全因素。

在网络安全的法律和政策层面，各国政府和国际组织纷纷制定了相关法律法规和标准，以规范网络安全行为，保护公民隐私和国家安全。网络安全法律法规的实施为网络安全提供了重要的法律保障，规范了企业和个人在网络活动中的行为。国际合作也是网络安全的重要组成部分，通过国际合作与交流，共同应对跨国界的网络威胁，提升全球网络安全水平。为了应对日益复杂的网络安全威胁，网络安全技术和策略不断创新和发展。防火墙、入侵检测系统（IDS）、入侵防御系统（IPS）和安全信息与事件管理（SIEM）系统是网络安全防护的基本工具。这些工具通过实时监控和分析网络流量，识别和阻止潜在的攻击行为。随着人工智能和大数据技术的发展，网络安全技术不断进步，通过数据挖掘技术，提升威胁检测和响应的效率和准确性。

网络安全的教育和培训是提升整体网络安全水平的重要途径。通过系统的网络安全教育和培训，从业人员可以增强安全意识和技术水平，提高应对网络威胁的能力。许多高校和培训机构开设了网络安全相关课程和专业，培养了一大批网络安全人才。企业和政府机构也通过定期培训和演练，不断提升员工的网络安全能力。

网络安全的研究领域广泛，涵盖密码学、网络协议安全、操作系统安全、应用程序安全和数据安全等多个方面。密码学研究致力于开发新的加密算法和密钥管理技术，保护数据在传输和存储过程中的机密性和完整性。网络协议安全研究则关注网络协议的设计和实现，确保协议在传输过程中的安全性。操作系统安全和应用程序安全研究通过分析和改进操作系统和应用程序的安全性，防止恶意软件和漏洞攻击。数据安全研究则重点保护数据的机密性、完整性和可用性，确保数据在各个环节的安全性。

网络安全的管理和政策同样至关重要。一个有效的网络安全管理体系应包括安全策略的制定、实施、监控和评估。安全策略应根据组织的业务需求和风险评估结果制定，涵盖访问控制、数据保护、应急响应和安全审计等内容。安全策略的实施需要全员参与，通过技术手段和管理措施相结合，确保策略的有效执行。安全监控和评估则通过持续监控和定期评估，发现并改进安全策略中的不足，提升整体安全水平。

在全球化大背景下，网络安全国际合作日益重要。各国通过签署网络安全协议、参与国际组织和开展的联合演习，共同应对跨国界的网络威胁。国际合作不仅有助于提升全球网络安全水平，还能促进各国在网络安全技术和政策方面的交流与合作，推动网络安全领域的共同发展。

网络安全的未来发展方向主要集中在人工智能、量子计算和区块链技术等前沿领域。人工智能技术在网络安全中的应用包括智能威胁检测、自动化响应和自适应防护等，通过数据分析，提高威胁检测的准确性和响应速度。量子计算的兴起为网络安全带来了新的机遇和挑战，量子加密技术有望实现绝对安全的数据传输，但量子计算也可能破解现有的加密算法。区块链技术作为一种去中心化的分布式账本技术，具有高度的安全性和透明性，可应用于数据保护和身份认证等领域，提升网络安全水平。

通过对网络安全的定义与范畴的深入探讨，我们可以全面了解网络安全的基本概念、构成要素和应用领域。网络安全作为信息社会的重要组成部分，其重要性不言而喻。未来随着技术的提升和应用场景的不断变化，网络安全将面临更多的挑战和机遇。研究和创新网络安全技术、提升网络安全管理水平、加强国际合作，是保障网络安全的有效途径。只有通过全方位、多层次的努力，才能构建一个安全、稳定的网络环境，保障信息社会的健康发展。

在网络安全的定义与范畴方面，通过对核心目标、功能、扩展领域、法律政策、技术创新、教育培训、研究方向、管理策略、国际合作和未来发展等多个层面的分析，全面展现了网络安全的广泛涵盖范围和复杂性。每一个层面都有其独特的重要性和挑战，需要综合运用多种技术和策略进行应对。在不断变化的网络环境中，网络安全的研究和实践将持续推进，为构建安全可靠的网络系统提供坚实的保障。

二、网络安全模型与体系结构

网络安全模型与体系结构是保障网络系统安全性的核心框架。通过系统设计和实施安全模型与体系结构，可以有效保护网络中的信息和资源，防止各种潜在的安全威胁。

（一）网络安全模型概述

网络安全模型描述和定义网络安全策略、规则和机制的抽象框架。一个有效的安全模型能够系统地组织和管理网络安全要素，确保信息的机密性、完整性和可用性。常见的网络安全模型包括贝尔—拉帕杜拉模型、比巴模型、克拉克—威尔逊模型和信息流模型。这些模型通过不同的理论和方法，为网络安全提供了坚实的理论基础。

贝尔—拉帕杜拉模型基于多级安全性概念，主要用于保护信息的机密性。该模型通过强制访问控制机制，确保信息只能在授权范围内流动，防止未经授权的访问和信息泄露。该模型的核心原则是"不读上"和"不写下"，即用户只能读取同级或更低级的信息，且只能写入同级或更高级的信息。贝尔—拉帕杜拉模型在军事和政府机构等对信息机密性要求较高的场景中得到广泛应用。

比巴模型与贝尔—拉帕杜拉模型相似，但其重点在于保护信息的完整性。比巴模型通过强制访问控制机制，确保信息不会被未经授权的修改和破坏。模型的核心原则是"不读下"和"不写上"，即用户只能读取同级或更高级的信息，且只能写入同级或更低级的信息。比巴模型常用于需要保护数据完整性的商业和金融领域。

克拉克—威尔逊模型基于事务完整性的安全模型，强调信息的真实性和完整性。该模型通过定义一系列的约束和规则，确保系统中的信息只能通过合法的事务进行修改。克拉克—威尔逊模型引入了"认证主体"和"认证程序"的概念，确保只有经过认证的主体才能执行认证程序来修改信息。该模型在银行、财务和会计等需要严格事务管理的领域具有重要应用。

信息流模型基于信息流动控制的安全模型，主要用于防止信息的非法流动和泄露。该模型通过定义信息流动的规则和路径，确保信息只能在授权范围内流动。信息流模型的核心思想是限制信息在不同安全级别之间的流动，防止敏感信息的泄露和篡改。信息流模型在多级安全系统和分布式系统中应用广泛。

（二）网络安全体系结构

网络安全体系结构通过组织和安排安全组件和机制，构建了一个安全的网络系统。一个完整的网络安全体系结构包括安全策略、安全机制、安全服务和安全管理等方面。常见的网络安全体系结构有 ISO/OSI 安全架构、美国国防部情报信息系统（DODIIS）和云安全联盟（CSA）的云控制矩阵（CCM）。

ISO/OSI 安全架构是国际标准化组织（ISO）提出的网络安全体系结构，基于 OSI 七层模型，每一层都包含特定的安全机制和服务。ISO/OSI 安全架构通过定义不同层次的安全功能，确保网络系统的全面安全。该架构强调层次化的安全防护，通过对每一层的安全控制，防止网络攻击和数据泄露。ISO/OSI 安全架构在国际上得到了广泛认可和应用，成为网络安全设计的重要参考标准。

DODIIS 是美国国防部提出的网络安全体系结构，主要用于保护国防和军事信息系统的安全。该体系结构通过定义一系列的安全政策、标准和指南，确保信息系统的机密性、完整性和可用性。DODIIS 强调安全防护的多层次和纵深性，通过构建多个安全防护层，防止外部和内部的网络攻击。该体系结构在军事和政府机构中得到了广泛应用，成为国防信息系统安全的重要保障。

CSA 的 CCM 是针对云计算环境的网络安全体系结构。CCM 通过定义一系列的安全控制和措施，确保云计算环境的安全性。CCM 强调云计算服务提供商和用户的共同责任，通过合作实现云计算环境的全面安全。CCM 的核心思想是通过透明的安全管理和控制，提升云计算服务的安全性和可靠性。该体系结构在云计算领域得到了广泛认可和应用，成为云计算安全的重要参考标准。

（三）网络安全模型与体系结构的应用

网络安全模型与体系结构在实际应用中起到了非常重要的指导作用。安全模型与体系结构的系统化设计和实施，可以有效地保护网络中的信息和资源，防止各种潜在的安全威胁。在企业信息系统中，网络安全模型与体系结构的应用能够帮助企业建立完善的安全防护体系，提升整体安全水平。在政府和军事信息系统中，网络安全模型与体系结构的应用能够确保国家机密信息的安全，防止信息泄露和被篡改。

企业信息系统中，网络安全模型与体系结构的应用主要体现在身份认证、访问控制、数据加密和安全审计等方面。身份认证是通过验证用户身份，确保只有经过授权的用户才能访问系统资源。访问控制是根据用户的身份和权限，控制其对资源的访问行为。数据加密是通过加密算法保护数据的机密性，防止数据在传输和存储过程中的泄露。安全审计是通过记录和分析系统活动，发现和追踪异常行为。这些安全机制共同构成了企业信息系统的安全防护体系，确保系统的安全性和可靠性。

在政府和军事信息系统中，网络安全模型与体系结构的应用主要体现在多级安全防护、信息流控制和应急响应等方面。多级安全防护是通过构建多个安全防护层，防止外部和内部的网络攻击。信息流控制是通过定义信息流动的规则和路径，确保信息只能在授权范围内流动。应急响应是通过制定应急预案，确保在发生安全事件时系统能够迅速响应和恢复。这些安全机制共同构成了政府和军事信息系统的安全防护体系，确保国家机密信息的安全。

在云计算环境中，网络安全模型与体系结构的应用主要体现在虚拟化安全、数据保护和合规管理等方面。虚拟化安全是通过保护虚拟机和虚拟网络的安全，防止虚拟化环境中的安全威胁。数据保护是通过加密技术和访问控制，确保云计算环境中的数据安全。合规管理是通过符合相关法律法规和标准，确保云计算服务的安全性和合法性。这些安全机制共同构成了云计算环境的安全防护体系，确保云计算服务的安全和可靠。

（四）网络安全模型与体系结构的发展趋势

随着网络技术日新月异的发展，网络安全模型与体系结构也在不断演进和完善。未来，网络安全模型与体系结构的发展趋势主要体现在智能化、安全服务的自动化和全球协同等方面。安全服务的自动化是通过自动化工具和技术，实现安全服务的自动配置、管理和监控。全球协同是通过国际合作与交流，共同应对跨国界的网络威胁，提升全球网络安全水平。

人工智能技术的引入，为网络安全模型与体系结构的发展带来了新的机遇。通过对海量数据的分析和学习，人工智能能够发现潜在的安全威胁，并提供智能化的安全防护方案。这些技术的应用，不仅能够提高威胁检测和响应效率，还能够实现安全服务的智能化和自动化。

安全服务的自动化是网络安全模型与体系结构的发展方向之一。自动化工具和技术的应用，可以实现安全服务的自动配置、管理和监控，减少人工干预和操作错误。自动化技术的应用，不仅能够提高安全服务效率，还能够降低安全管理的成本和复杂性。未来，随着自动化技术的发展，网络安全服务将变得更加智能化和高效。

全球协同是提升网络安全水平的重要途径。国际合作与交流，可以共同应对跨国界的网络威胁，提升全球网络安全水平。国际合作不仅有助于共享网络安全信息和技术，还能够促进各国在网络安全政策和法律方面的协调与合作。未来，随着全球化的不断推进，网络安全的国际合作将变得更加重要和紧迫。

通过对网络安全模型与体系结构的深入探讨，我们可以全面了解网络安全的基本概念、构成要素和应用领域。网络安全模型与体系结构作为网络安全的重要组成部分，其设计和实施直接关系网络系统的安全性和稳定性。未来，随着技术的发展和应用场景的不断变化，网络安全模型与体系结构将面临更多的挑战和机遇。研究和创新网络安全模型与体系结构，提升网络安全管理水平，确保网络系统的安全和可靠，是保障信息社会健康发展的重要途径。

三、网络安全标准与规范

网络安全标准与规范在保护信息系统和网络安全中起至关重要的作用。这些标准和规范通过定义安全要求、建立安全框架、提供安全指导，确保信息的机密性、完整性和可用性。网络安全标准和规范涵盖了广泛领域，包括技术标准、管理标准和行业规范等。

（一）技术标准

技术标准是确保网络安全技术的有效性基础。常见的技术标准包括 ISO/IEC 27001、NIST SP800 系列和 ISO/IEC 15408 等。这些标准通过定义安全控制和措施，为实施网络安全技术提供了具体化的指导。

ISO/IEC 27001 是国际标准化组织（ISO）和国际电工委员会（IEC）联合制定的网络安全管理标准。该标准通过建立信息安全管理体系（ISMS），确保组织的信息安全管理符合国际最佳实践。ISO/IEC 27001 涵盖了风险评估、控制实施和管理评审等方面，帮助组织系统地管理信息安全风险，提高信息安全水平。

NIST SP800 系列是美国国家标准与技术研究院（NIST）发布的网络安全指导文件。该系列标准包括 NIST SP800-53、NIST SP800-171 和 NIST SP800-37 等，分别针对不同的安全需求和场景提供了具体的安全控制措施。NIST SP800 系列标准广泛应用于美国联邦政府和私营部门，为网络安全实践提供了针对性指导。

ISO/IEC 15408，也称为通用准则（Common Criteria），是一个国际公认的安全评估标准。该标准通过定义安全功能要求和评估保证要求，为安全产品的开发和评估提供了统一的框架。通用准则的目标是确保安全产品在不同的应用场景中都能提供一致的安全保证。

（二）管理标准

管理标准是确保网络安全管理有效性的基础。常见的管理标准包括 ISO/IEC

27002、COBIT 和 ITIL 等。这些标准通过定义管理框架和流程，帮助组织系统地管理网络安全。

ISO/IEC 27002 是 ISO/IEC 27001 的补充标准，提供了详细的信息安全管理控制措施。该标准通过具体的安全控制和实践指导，帮助组织在建立和实施信息安全管理体系时，遵循最佳实践。ISO/IEC 27002 涵盖了访问控制、加密、物理和环境安全等方面，为组织的信息安全管理提供了全面的支持。

COBIT（控制目标与信息技术）是由信息系统审计与控制协会（ISACA）发布的 IT 管理和治理框架。该框架通过定义 IT 治理和管理的目标、流程和最佳实践，帮助组织确保 IT 系统的安全性、可靠性和合规性。COBIT 涵盖了从 IT 战略规划到日常运营管理的各个方面，提供了全面的 IT 治理和管理指导。

ITIL（信息技术基础架构库）是由英国商务部发布的 IT 服务管理框架。该框架通过定义 IT 服务管理的流程、角色和职责，帮助组织提高 IT 服务质量和效率。ITIL 强调通过系统化和规范化的管理，确保 IT 服务的持续改进和优化，提高组织的整体运营水平。

（三）行业规范

行业规范是确保特定行业网络安全要求和标准的基础。常见的行业规范包括 PCI DSS、HIPAA 和 GDPR 等。这些规范通过定义特定行业的安全要求和合规措施，确保行业内的网络安全标准化和规范化。

PCI DSS（支付卡行业数据安全标准）是由支付卡行业安全标准委员会（PCI SSC）制定的全球性安全标准。该标准通过定义支付卡信息的安全控制和措施，确保支付卡信息在传输、处理和存储过程中的安全性。PCI DSS 涵盖了网络安全、访问控制、加密和监控等方面的数据安全标准，帮助组织防止支付卡信息泄露和欺诈。

HIPAA（《健康保险可携性与责任法案》）是美国联邦法律，旨在保护患者的健康信息隐私和安全。该法律通过定义健康信息的安全控制和合规措施，确保医疗机构在处理和存储患者健康信息时，遵循严格的隐私和安全要求。HIPAA 涵盖了访问控制、数据加密、审计和风险管理等方面的数据合规性法规，帮助医疗机构提高信息安全水平。

GDPR（《通用数据保护条例》）是欧盟发布的数据保护法规，旨在保护欧盟公民的个人数据隐私和安全。该法规通过定义个人数据的安全控制和合规措施，确保企业在处理和存储个人数据时，遵循严格的数据保护要求。GDPR 涵盖了数据收集、处理、存储和转移等方面的数据保护法规，帮助企业提高数据保护水平，防止数据泄露和滥用。

（四）网络安全标准与规范的实施

网络安全标准与规范的实施是确保网络安全的关键步骤。通过系统地实施和遵循这些标准和规范，组织可以提高信息系统的安全性，降低安全风险。实施网络安全标准和规范需要从多个方面入手，包括风险评估、控制实施、监控和审计等。

风险评估是实施网络安全标准和规范的第一步。通过系统地识别和评估信息系统的安全风险，组织可以确定安全控制的优先级和重点。风险评估应涵盖所有可能的安全威胁和漏洞，并根据风险的严重程度和可能性，制定相应的安全控制措施。

控制实施是确保网络安全标准和规范有效性的关键步骤。通过实施具体的安全控制措施，组织可以防止和应对各种安全威胁。控制实施应根据风险评估的结果，选择和实施适当的安全控制措施，确保信息系统的安全性。控制实施包括技术控制和管理控制。技术控制主要包括访问控制、加密、入侵检测等；管理控制主要包括安全策略制定、员工培训、应急响应等。

监控和审计是确保网络安全标准和规范持续有效的关键步骤。通过持续监控和定期审计，组织可以及时发现和应对安全事件，确保安全控制措施的有效性。监控和审计应涵盖信息系统的所有关键环节，包括网络流量监控、日志分析、漏洞扫描等。定期审计应包括内部审计和外部审计。内部审计主要由组织内部的安全团队负责；外部审计主要由独立的第三方审计机构负责。

（五）网络安全标准与规范的挑战

尽管网络安全标准与规范在保护信息系统安全中起重要作用，但其实施和遵循过程中也面临诸多挑战。常见的挑战包括标准和规范的复杂性、技术的快速发展、资源和成本的限制等。

标准和规范的复杂性是实施网络安全标准和规范的主要挑战之一。随着信息技术的日益发展，网络安全标准和规范不断更新和完善。组织在实施这些标准和规范时，需要投入大量的时间和资源，确保所有的安全控制措施都能得到有效实施。标准和规范的复杂性不仅增大了实施的难度，还会导致实施过程中的错误和遗漏。

技术的快速发展是实施网络安全标准和规范的另一个挑战。随着新技术的不断涌现，网络安全威胁和攻击手段不断变化和升级。组织在实施网络安全标准和规范时，需要不断更新和调整安全控制措施，确保其能够应对最新的安全威胁。技术的快速发展要求组织具备高度的灵活性和适应能力，及时调整和优化安全控制措施。

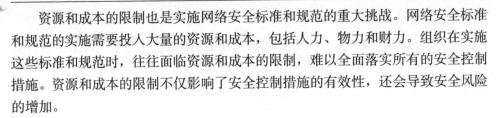

资源和成本的限制也是实施网络安全标准和规范的重大挑战。网络安全标准和规范的实施需要投入大量的资源和成本，包括人力、物力和财力。组织在实施这些标准和规范时，往往面临资源和成本的限制，难以全面落实所有的安全控制措施。资源和成本的限制不仅影响了安全控制措施的有效性，还会导致安全风险的增加。

（六）网络安全标准与规范的未来发展

随着信息技术的发展，网络安全标准与规范也在不断演进和发展。未来，网络安全标准与规范的发展趋势主要体现在标准化、智能化和国际化等方面。

标准化是网络安全标准与规范的发展方向之一。通过标准化，网络安全标准和规范能够实现统一和规范，减少不同标准和规范之间的冲突和重复。标准化不仅能够提高网络安全标准和规范的实施效率，还能够促进各组织之间的合作和交流。未来，随着标准化工作的不断推进，网络安全标准和规范将变得更加统一和规范。

智能化是网络安全标准与规范的发展趋势之一。通过引入人工智能和机器学习技术，网络安全标准和规范能够实现智能化的风险评估和控制实施。智能化技术的应用，不仅能够提高威胁检测和响应效率，还能够实现安全服务的智能化和自动化。未来，随着智能化技术的发展，网络安全标准和规范将变得更加智能和高效。

国际化也是网络安全标准与规范的发展方向之一。通过国际化，网络安全标准和规范能够实现全球范围内的统一和协调，促进各国之间的合作和交流。国际化不仅能够提高网络安全标准和规范的全球适用性，还能够推动全球网络安全的共同发展。未来，随着国际化工作的不断推进，网络安全标准和规范将变得更加国际化和全球化。

通过对网络安全标准与规范的深入探讨，我们可以全面了解其基本概念、构成要素和应用领域。网络安全标准与规范作为网络安全的重要组成部分，其设计和实施直接关系网络系统的安全性和稳定性。随着技术的发展和应用场景的不断变化，网络安全标准与规范将面临更多的挑战和机遇。研究和创新网络安全标准与规范，提升网络安全管理水平，确保网络系统的安全和可靠，是保障信息社会健康发展的重要途径。对网络安全的概述帮助我们建立了对该领域的基本认知。理解网络安全的核心概念和框架，可以为后续的深入研究奠定良好的理论基础，增强技术应用的有效性和可靠性。

第二节 密码学基础

密码学是网络安全技术的核心，本节将介绍对称加密和非对称加密的基本原理和应用场景。通过理解这些加密技术，读者可以掌握保障数据机密性和完整性的重要手段，为构建安全的网络环境提供技术支持。

一、对称加密与非对称加密

（一）对称加密算法

对称加密算法是密码学中的一种基本加密技术，通过单一密钥实现数据的加密和解密。对称加密算法具有运算速度快、效率高等优点，因此，在许多应用场景中得到了广泛使用。对称加密的核心思想是使用相同的密钥进行数据的加密和解密过程，该方法在传输过程中需要保证密钥的安全性。

早期的对称加密算法包括数据加密标准（DES）。DES 是一种基于分组加密的对称加密算法，密钥长度为 56 位。虽然 DES 在早期得到了广泛应用，但由于其密钥长度较短，容易被暴力破解，因此，逐渐被更安全的加密算法所取代。3DES 是 DES 的改进版本，通过三次加密过程，提高了密钥的有效长度和安全性，但运算效率较低。

高级加密标准（AES）是目前最常用的对称加密算法之一。AES 采用变长密钥（128 位、192 位或 256 位），通过多轮加密操作，确保数据的高安全性。AES 不仅在安全性方面具有显著优势，而且在硬件和软件应用中表现出色，因此被广泛应用于各类信息系统。AES 的设计基于分组加密，能够有效抵御已知的各种攻击方法。

RC4 是一种流加密算法，广泛用于无线通信和 SSL/TLS 协议中。与分组加密不同，流加密处理数据流中的每个字节，并通过伪随机序列生成密钥流。虽然 RC4 在早期得到广泛应用，但由于其在应用中的一些漏洞，逐渐被其他更安全的算法取代。比如，有线等效加密（WEP）协议因使用 RC4 算法而存在严重的安全问题，已被 WPA/WPA2 所取代。

对称加密算法的安全性依赖密钥的管理和分发。密钥管理是对称加密中最具挑战性的部分之一，因为一旦密钥泄露，所有加密数据都将面临风险。因此，安全的密钥生成、存储和传输机制对于确保对称加密算法的安全性至关重要。密钥分发协议，如 Diffie-Hellman 密钥交换协议，提供了一种在不安全信道中安全交换密钥的方法，增强了对称加密的整体安全性。

（二）非对称加密算法

非对称加密算法，也称公钥加密算法，通过一对密钥（公钥和私钥）实现数据的加密和解密。公钥用于加密数据，私钥用于解密数据。与对称加密相比，非对称加密的主要优势在于无须共享密钥，简化了密钥管理过程，大幅提高了安全性。

RSA 是最早的非对称加密算法之一，也是应用最广泛的公钥加密算法。RSA 基于大整数分解问题，其安全性依赖两个大质数的乘积难以分解。RSA 支持加密和数字签名功能，广泛应用于电子商务、数字证书和其他需要高安全性的场景。尽管 RSA 的加密和解密速度较慢，但其高安全性使其在许多应用中成为首选。

椭圆曲线密码学（ECC）是一种现代的非对称加密算法，基于椭圆曲线离散对数问题。相比于 RSA，ECC 在提供相同安全性水平的情况下，使用更短的密钥长度，显著提高了运算效率和安全性。ECC 被广泛应用于移动设备、物联网和其他资源受限的环境中。其高效的加密和解密性能，使得 ECC 成为未来非对称加密算法的发展方向之一。

ElGamal 加密是一种基于离散对数问题的非对称加密算法，具有高安全性和灵活性。ElGamal 加密支持加密和数字签名功能，广泛应用于安全通信和数字签名领域。与 RSA 和 ECC 相比，ElGamal 加密的密钥生成和管理更加复杂，但其独特的安全特性使其在特定应用中具有优势。

非对称加密算法的一个重要应用是数字签名。数字签名用于验证消息的真实性和完整性，确保消息在传输过程中未被篡改。数字签名算法如 RSA 和 ECDSA（椭圆曲线数字签名算法），通过公钥加密和私钥签名，实现了对消息的可靠验证。在电子邮件、软件分发和区块链等应用中，数字签名技术得到广泛应用，保障了信息的安全和可靠性。

（三）加密算法的应用场景

加密算法在现代信息安全中得到了广泛的应用，为保护数据的机密性、完整性和可用性提供了强有力的支持。不同类型的加密算法根据其特性和优势，应用于各种信息系统和通信环境中。

在电子商务中，加密算法广泛应用于保护交易信息和用户隐私。SSL/TLS 协议通过结合对称加密和非对称加密，确保数据在传输过程中的安全。客户端和服务器在建立安全连接时，通过非对称加密进行密钥交换，随后使用对称加密保护数据传输。这种结合使用的方式既提高了安全性，又保证了通信效率。

金融行业对数据的安全性要求极高，加密算法在其中扮演了关键角色。银行和金融机构使用加密技术保护客户数据、交易记录和内部通信。数据加密不仅用于保护存储数据，还用于保护数据在网络中的传输安全。硬件安全模块（HSM）作为一种高安全性的加密设备，广泛应用于金融行业，确保密钥的安全存储和管理。

医疗领域同样需要保护敏感数据，加密算法用于保护电子健康记录（EHR）和远程医疗通信。医疗数据的机密性和完整性至关重要，加密技术在保障患者隐私和数据安全方面发挥了重要作用。HIPAA 等法规对医疗数据的保护提出了严格要求，加密技术的应用确保了医疗机构遵循这些法规。

在云计算环境中，加密算法用于保护数据的存储和传输安全。云服务提供商通过加密技术，确保用户数据在云中的安全。数据在传输云服务器前进行加密，只有授权用户能够解密和访问数据。全盘加密和文件级加密是常用的技术手段，确保数据在云环境中的安全存储。

物联网（IoT）设备的安全性也依赖加密技术。由于物联网设备的资源有限，需要轻量级且高效的加密算法保护数据的传输和存储安全。ECC 和轻量级对称加密算法广泛应用于物联网设备中，确保设备间通信的安全。加密技术为智能家居、工业控制系统和智能交通等物联网应用提供了必要的安全保障。

在国家安全和军事领域，加密算法用于保护机密通信和敏感数据。军事通信系统通过高强度的加密算法，确保指挥和控制信息的安全传输。量子加密技术作为一种新兴的安全技术，正在研究和开发中，未来有望在军事和国家安全领域发挥重要作用。量子加密基于量子力学原理，提供了理论上无法破解的安全保障。

通过对称加密与非对称加密的详细探讨，再结合加密算法在不同应用场景中的具体应用，我们可以全面了解加密技术在现代信息安全中的重要作用。加密算法作为保障信息安全的核心技术，其发展和应用对信息社会的安全性和稳定性具有重要意义。随着技术的日益进步和应用场景的不断扩展，加密算法将面临更多的挑战和机遇。研究和创新加密技术，提升加密算法的安全性和效率，是确保信息系统安全的重要途径。

二、密钥管理与分发

（一）密钥生成技术

密钥生成技术是密码学中至关重要的一环。有效的密钥生成机制能够确保密钥的随机性和不可预测性，从而保证加密系统的安全性。常见的密钥生成技术包括伪随机数生成器（PRNG）、真随机数生成器（TRNG）和量子随机数生成器

（QRNG）等。

PRNG 通过算法生成伪随机数序列，这些序列看似随机，但实际上是由确定性算法生成的。PRNG 的优点是速度快、实现简单，广泛应用于各种加密系统中。然而，由于其生成过程是确定性的，PRNG 的安全性依赖种子的保密性和生成算法的复杂性。常见的 PRNG 算法包括线性同余生成器（LCG）、Mersenne Twister 和 Blum Blum Shub 等。

TRNG 基于物理现象生成真正的随机数，如热噪声、射线衰变和量子效应等。TRNG 的优点在于其随机性和不可预测性，可以生成高度安全的密钥。然而，TRNG 的实现相对复杂，速度较慢，通常用于对安全性要求极高的场合。TRNG 的随机性依赖物理现象的不可预测性，因此其生成过程难以被复现和预测。

QRNG 利用量子力学原理生成随机数，具有绝对的随机性和不可预测性。QRNG 基于量子态的叠加和纠缠，通过测量量子态的结果生成随机数。QRNG 的优点在于其生成的随机数具有理论上的不可预测性和高安全性，逐渐成为密码学研究的重要方向。量子技术的发展为 QRNG 的广泛应用提供了可能，特别是在需要高度安全密钥的领域，如军事通信和国家安全等。

密钥生成技术的选择直接影响加密系统的安全性。对于一般应用场景，PRNG 由于其速度和实现简单性，常被用于对安全性要求相对较低的加密系统中。而对于涉及敏感数据和高安全性要求的应用场景，TRNG 和 QRNG 更适用。这些技术在密钥生成过程中确保了密钥的高随机性和不可预测性，从而保障了加密系统的整体安全。

（二）密钥分发方法

密钥分发是加密系统中另一关键环节，旨在安全地将密钥传递给合法用户。有效的密钥分发方法可以防止密钥在传输过程中被截获和篡改。常见的密钥分发方法包括对称密钥分发、非对称密钥分发和密钥协商协议等。

对称密钥分发方法依赖一个安全的信道来传递密钥。常见的对称密钥分发技术包括预共享密钥和基于物理安全传递的密钥分发。在预共享密钥方法中，通信双方事先共享一个密钥，用于后续的加密通信。该方法简单易行，但在规模较大的系统中，密钥管理的复杂性和安全性难以保障。基于物理安全传递的密钥分发方法则通过可信的物理介质（如 U 盘、光盘）传递密钥，适用于对安全性要求极高但通信频率较低的场景。

非对称密钥分发方法利用公钥加密技术，通过公钥加密密钥，确保密钥在传输过程中的安全性。RSA 和 ECC 是常用的非对称加密算法，在密钥分发中得到了广泛应用。通信双方首先交换公钥，然后使用对方的公钥加密密钥，再通过网络传输。由于只有持有对应私钥的一方才能解密密钥，该方法有效地防止了密钥在传输过程中的泄露和篡改。

密钥协商协议是一种动态生成和分发密钥的方法，Diffie-Hellman 密钥交换协议是其中最著名的。该协议通过在不安全信道中交换公钥参数，生成共享密钥。Diffie-Hellman 协议的安全性依赖离散对数问题的计算复杂性，广泛应用于 SSL/TLS 和 IPSec 等安全协议中。其他密钥协商协议还包括 ECDH（椭圆曲线 Diffie-Hellman）和站间协议（STS），这些协议通过改进和优化，提高了密钥协商的安全性和效率。

密钥分发方法的选择取决于具体的应用场景和安全需求。在需要高频次密钥更新和较高安全性的场景中，密钥协商协议由于其动态性和安全性，常被优先选择。而在资源受限或对密钥管理要求较高的场景中，对称密钥分发方法更适用。非对称密钥分发方法则因其高安全性和较低的管理复杂性，广泛应用于各种安全通信和数据保护场景。

（三）密钥管理系统

密钥管理系统（KMS）是一个集成的解决方案，旨在安全地生成、存储、分发和管理加密密钥。有效的密钥管理系统能够确保密钥的生命周期管理，防止密钥泄露和滥用。KMS 在各种信息系统和通信网络中得到了广泛应用，提供了全面的密钥管理和安全保障。

密钥管理系统的核心功能包括密钥生成、密钥存储、密钥分发、密钥更新和密钥销毁。密钥生成功能通过安全的密钥生成技术，确保密钥的高随机性和安全性。密钥存储功能通过加密存储和访问控制，防止密钥被未经授权的用户访问和盗取。密钥分发功能通过安全的密钥分发方法，确保密钥在传输过程中的安全性和完整性。密钥更新功能定期更新密钥，防止长期使用导致的安全风险。密钥销毁功能通过安全的方法销毁过期或不再使用的密钥，确保密钥不被滥用。

硬件安全模块（HSM）是实现密钥管理系统的关键设备，提供了高度安全的密钥生成、存储和管理功能。HSM 通过硬件加密和访问控制，确保密钥的安全性和完整性。HSM 广泛应用于金融、医疗和政府等需要高度安全保障的领域，提供了可靠的密钥管理解决方案。HSM 不仅可以独立运行，还可以集成到各种信息系统和应用中，提供全面的密钥管理和安全服务。

云密钥管理服务（KMS）是云计算环境中广泛使用的密钥管理解决方案，提供了灵活和可扩展的密钥管理功能。云 KMS 通过 API 接口，允许用户在云环境中安全地生成、存储和管理密钥。云 KMS 的优势在于其高可用性和易于集成，用户可以根据需求动态调整密钥管理策略和安全控制。主要的云服务提供商如 AWS、Azure 和 Google Cloud 都提供了全面的云 KMS 服务，满足了不同用户的安全需求。

密钥管理系统在信息安全中的应用非常广泛，包括电子商务、金融服务、医疗保健和政府部门等。电子商务平台使用 KMS 保护用户数据和交易信息的安全，通过安全的密钥管理和加密技术，防止数据泄露和篡改。金融服务机构通过 KMS 管理客户数据和交易记录，确保数据的机密性和完整性。医疗保健机构使用 KMS 保护患者健康信息，遵循 HIPAA 等法规的要求，确保数据的隐私和安全。政府部门通过 KMS 保护国家机密信息和敏感数据，确保信息系统的安全和可靠。

密钥管理系统的实施和维护需要专业的技术支持和管理能力。密钥管理策略的制定和执行，涉及组织的安全政策、风险评估和合规要求。密钥管理系统的安全性依赖其实现和管理的每一个环节，包括密钥的生成、存储、分发和销毁。定期的安全审计和评估，可以及时发现和修复密钥管理系统中的安全漏洞，确保其持续有效。

在深入探讨密钥生成技术、密钥分发策略以及密钥管理系统的构建后，我们可以深刻认识到密钥管理与分发在密码学及网络安全领域的核心地位。密钥，作为加密体系的关键基石，其产生、有效管理及精准分发，无疑对信息系统的整体安全性能产生直接影响。随着信息技术的飞速发展和应用领域的不断拓展，未来的密钥管理与分发将面临更多元化的挑战与前所未有的机遇。因此，为了应对这些挑战并抓住机遇，我们必须不断研究并创新密钥管理技术，从而进一步增强密钥管理系统的安全性与运行效率。这不仅是保障信息系统安全的关键举措，更是推动密码学和网络安全领域持续发展的重要动力。

三、数字签名与认证

（一）数字签名的原理

数字签名是现代密码学中的重要技术，通过确保数据的完整性、真实性和不可否认性，保障了信息的安全性。数字签名的基本原理依赖公钥加密体系，通常使用非对称加密算法如 RSA、DSA 和 ECDSA 等。

数字签名的创建过程涉及两个主要步骤：第一，发送方使用散列函数对消息进行哈希处理，生成消息摘要；第二，发送方使用其私钥对消息摘要进行加密，生成数字签名。散列函数是一个将任意长度的输入映射为固定长度输出的函数，常用的散列算法包括 SHA–256、SHA–3 等。散列函数的一个重要性质是抗碰撞性，即难以找到两段不同的输入数据，使其散列值相同。

数字签名的验证过程则是接收方使用发送方的公钥对数字签名进行解密，得到消息摘要，然后将这个消息摘要与通过同样的散列函数计算得到的消息摘要进行比较。如果两个摘要相同，则验证通过，表明消息确实由声称的发送方发出，且在传输过程中未被篡改。数字签名的安全性依赖非对称加密算法的强度和私钥的保密性。RSA 算法基于大整数分解问题，其安全性取决于密钥长度和算法的复杂性。DSA 和 ECDSA 则基于离散对数问题和椭圆曲线离散对数问题，提供了相似的安全保障，但密钥长度更短，效率更高。

同时，数字签名的不可否认性是指发送方无法否认已发送的信息。由于只有发送方持有用于生成签名的私钥，因此一旦签名被验证通过，发送方就不能否认其发送行为。这一特性在法律和商业领域具有重要意义，常用于合同签署和电子票据等场景。

数字签名还可以用于软件分发和更新。开发者对软件包进行数字签名，用户在下载和安装软件时验证签名，确保软件来源可信，且未被恶意篡改。这一应用在操作系统和应用软件的分发中得到广泛使用，提高了软件供应链的安全性。

证书颁发机构（CA）在数字签名体系中扮演重要角色。CA 负责验证实体身份并签发数字证书，数字证书中包含公钥和身份信息。通过 CA 签发的证书，用户可以确保公钥的合法性，从而进一步确保数字签名的可信性。数字证书标准如 X.509 定义了证书的格式和内容，广泛应用于 SSL/TLS 协议中，保障互联网通信的安全。

数字签名在区块链技术中得到了广泛应用。区块链中的每一笔交易都需要进行数字签名，以确保交易的真实性和不可篡改性。通过分布式账本和共识机制，区块链技术利用数字签名实现了去中心化的安全保障，应用于加密货币、智能合约和供应链管理等领域。

（二）认证技术概述

认证技术是网络安全中的重要组成部分，通过验证实体的身份，确保只有合法用户能够访问系统资源。常见的认证技术包括基于密码的认证、双因素认证、多因素认证和生物特征认证等。

基于密码的认证是最传统和广泛使用的认证方式。用户通过输入用户名和密码来证明身份。密码的安全性依赖复杂度和保密性，然而，简单密码容易被猜测或破解，且密码泄露的风险较高。因此，基于密码的认证通常结合其他技术如加密存储和传输、密码强度检测和多因素认证来提高安全性。

双因素认证（2FA）通过增加一个额外的认证因素，显著提高了安全性。常见的双因素认证包括密码和一次性验证码（OTP）结合使用。OTP 通常通过短信、电子邮件或专用的认证应用程序生成，并在短时间内有效。双因素认证的优势在于即使密码被泄露，攻击者仍需获取第二个认证因素才能完成认证。

多因素认证（MFA）在双因素认证的基础上增加了更多的认证因素，进一步提升了安全性。多因素认证通常结合知识因素（密码）、所有因素（物理令牌、智能卡）和固有因素（生物特征）等。通过多种因素的组合，MFA 可以有效防止各种攻击，如密码猜测、社工攻击和设备盗窃等。

生物特征认证基于人体的独特特征，如指纹、面部、虹膜和声纹等，验证用户身份。生物特征认证的优势在于其不可复制性和高度的唯一性，且用户无须记忆和管理复杂的密码。生物特征认证广泛应用于移动设备、门禁系统和高安全性要求的领域。然而，生物特征数据的安全存储和保护至关重要，一旦泄露，则无法更换和补救。

公钥基础设施（PKI）是实现数字证书和公钥认证的重要框架。PKI 通过 CA 签发和管理数字证书，确保公钥的合法性和可信性。用户通过数字证书和公钥进行身份认证，确保通信的安全性。PKI 在 SSL/TLS 协议中得到广泛应用，保障互联网通信的安全，此外，还用于电子邮件加密和数字签名等场景。

基于令牌的认证使用物理或软件令牌生成动态验证码进行身份验证。硬件令牌如 USB 安全令牌、智能卡通过内置的安全芯片生成动态验证码，软件令牌如手机应用程序通过算法生成动态验证码。这种认证方式结合了知识因素和所有因素，提高了认证的安全性和便捷性。

基于行为的认证技术通过分析用户行为模式，如键盘输入、鼠标移动、触摸屏操作和登录位置等，识别用户身份，动态监测和分析用户行为，发现异常并阻止未经授权的访问。行为认证技术在银行、金融和高安全性需求的系统中应用广泛，增强了安全性和用户体验。

（三）数字签名与认证的结合应用

数字签名与认证技术的结合在实际应用中提供了强大的安全保障，确保数据的真实性、完整性和不可否认性，并验证用户身份。这种结合广泛应用于电子商务、金融交易、电子政务和医疗保健等领域，提升了系统的安全性和信任度。

在电子商务中，数字签名与认证技术确保交易的安全和合法性。用户在进行在线支付时，通过数字签名验证支付请求的完整性和真实性，防止篡改和伪造。同时，双因素或多因素认证确保只有合法用户能够进行支付操作，防止账户被盗用。这些技术的结合应用提高了电子商务平台的安全性，保护了用户的财产安全。

金融交易对数据的真实性和用户身份验证要求极高，数字签名和认证技术在其中发挥了关键作用。银行和金融机构使用数字签名验证交易指令的合法性，防止篡改和欺诈。多因素认证通过结合密码、动态验证码和生物特征，确保只有合法用户能够进行高风险操作，如转账和贷款申请。这种结合应用提高了金融交易的安全性和信任度，防止金融欺诈和数据泄露。

电子政务系统中，数字签名和认证技术确保政府文件和公民信息的安全。公民在提交电子申请时，通过数字签名验证文件的真实性和完整性，确保提交的信息未被篡改。同时，基于数字证书的身份认证确保只有合法用户能够访问和操作政府系统，保护公民隐私和国家机密信息。这种结合应用提高了电子政务系统的安全性和效率，提升了政府服务的可信度。

医疗保健领域对数据的隐私和安全要求极高，数字签名和认证技术在保护患者信息中扮演重要角色。医生和医护人员在记录和传输患者信息时，通过数字签名验证数据的真实性和完整性，防止信息篡改和泄露。多因素认证确保只有授权的医护人员能够访问患者信息，保护患者隐私。这些技术的结合应用提高了医疗信息系统的安全性，保障了患者的隐私和数据安全。

数字签名和认证技术在软件分发和更新中也得到了广泛应用。开发者在发布软件时，通过数字签名验证软件包的完整性和来源，确保用户下载和安装的是真实和未经篡改的软件。用户在安装软件时，通过认证技术验证软件的合法性，防止恶意软件和病毒的传播。这种结合应用提高了软件分发和更新的安全性，保护了用户设备和数据的安全。

区块链技术中，数字签名和认证技术确保了交易的不可篡改性和参与者的身份验证。每笔交易都通过数字签名验证，确保交易的合法性和完整性。同时，公钥基础设施和数字证书确保参与者的身份验证，防止未经授权的操作。这种结合应用提升了区块链系统的安全性和可信度，广泛应用于加密货币、智能合约和供应链管理等领域。

通过对数字签名与认证技术的深入剖析，再结合它们在实际操作中的广泛运用，我们可以更全面地认识这些技术在现代信息安全体系中占据的重要地位。作为维护信息安全的基石，数字签名和认证技术不仅保障了信息的完整性和真实性，同时也对信息社会的安全稳定发挥举足轻重的作用。

展望未来，随着技术的日益进步和应用场景的日益丰富，数字签名和认证技术无疑将面临更多新的挑战与机遇。因此，深入研究和不断创新这些技术，进一步提升其安全性和运行效率，成为确保信息系统稳固防线、抵御潜在威胁的关键策略。这一过程不仅体现了科技发展的前沿性，也凸显了信息安全在当今社会的核心价值和重要性。

通过探讨密码学的基础理论，我们可以深刻理解加密技术在网络安全中的重要作用。对称加密和非对称加密的结合应用，为实现数据保护提供了强有力的保障，推动了网络安全技术的实际应用。

第三节　安全协议与机制

安全协议与机制是保障网络通信安全的基础。本节将分析常见的安全协议，如 SSL/TLS 和 IPsec，并探讨这些协议在实际应用中的实现和优化。通过理解安全协议，读者可以学会设计和部署有效的安全防护措施。

一、常见安全协议分析

（一）SSL/TLS 协议

SSL（Secure Sockets Layer）和 TLS（Transport Layer Security）是用于在网络中提供安全通信的协议。这些协议通过加密数据传输和认证通信双方，确保数据的机密性、完整性和真实性。SSL 由 Netscape 公司于 1994 年开发，TLS 则是 SSL 的后续版本，标准化于 IETF（Internet Engineering Task Force）。

SSL/TLS 协议的工作原理包括握手过程、会话密钥生成和数据传输加密。在握手过程中，客户端和服务器通过交换证书和协商加密算法，建立一个安全的通信通道。握手过程的第一步是客户端向服务器发送一个"客户端你好"消息，其中包含支持的协议版本和加密算法列表。服务器响应一个"服务器你好"消息，选择一个协议版本和加密算法，并发送其数字证书。客户端验证服务器证书的有效性，并生成一个预置密钥，使用服务器的公钥加密后发送给服务器。服务器使用其私钥解密预主密钥，双方通过预主密钥生成会话密钥，用于后续的数据加密。

SSL/TLS 协议使用对称加密和非对称加密相结合的方式，对称加密用于数据传输的加密，非对称加密用于握手过程中的密钥交换。常见的对称加密算法包括 AES 和 ChaCha20，非对称加密算法包括 RSA 和 ECDHE（椭圆曲线 Diffie-Hellman 密钥交换）。此外，SSL/TLS 还使用消息认证码（MAC）和哈希函数（如 SHA-256）来确保数据的完整性和认证。

SSL/TLS 协议的版本迭代过程反映了安全性和效率的不断提升。SSL 2.0 和 SSL 3.0 由于存在多重安全漏洞，已被废弃。TLS 1.0 和 TLS1.1 在早期得到广泛使用，但随着攻击手段的进步，这些协议版本的安全性逐渐不够。TLS 1.2 引入了更强的加密算法和改进的握手过程，提高了协议的安全性和性能。最新的 TLS 1.3 版本在握手过程中减少了往返次数，简化了协议设计，进一步提高了安全性和效率。

SSL/TLS 协议在电子商务、在线银行和电子邮件等领域得到了广泛应用。通过 SSL/TLS，用户可以确保在网络上传输的敏感信息如信用卡号和个人身份信息的安全。此外，SSL/TLS 也是 HTTPS（Hypertext Transfer Protocol Secure）的基础，确保网页浏览的安全性。

尽管 SSL/TLS 协议提供了强大的安全保障，但其实现和配置不当仍可能导致安全问题。比如，使用过时的协议版本或弱加密算法、错误的证书配置，以及不安全的密钥管理都会使系统面临风险。为确保 SSL/TLS 的安全性，系统管理员应及时更新软件版本、选择强加密算法、正确配置证书，并定期进行安全审计。

SSL/TLS 协议的未来发展方向包括进一步提高安全性和性能，适应新的安全需求和技术趋势。量子计算的发展对现有的加密算法提出了新的挑战，研究和引入抗量子计算的加密算法将是未来的重要方向之一。同时，随着物联网和 5G 技术的发展，SSL/TLS 协议也需要在这些新兴领域实现高效和安全的应用。

（二）IPsec 协议

互联网安全协议（Internet Protocol Security，IPsec）是一组用于在 IP 网络上提供安全通信的协议。IPsec 通过加密和认证机制，确保数据在传输过程中的机密性、完整性和真实性。IPsec 在网络层工作，能够保护所有通过 IP 协议传输的数据，因此广泛应用于虚拟专用网络（VPN）和安全的网络通信。

IPsec 的核心组件包括安全协议（AH 和 ESP）、安全关联（SA）和密钥管理协议（IKE）。认证头（AH）和封装安全载荷（ESP）是 IPsec 的两种主要安全协议。AH 提供数据包的完整性和源认证，但不加密数据；ESP 不仅提供完整性和认证，还对数据进行加密。AH 和 ESP 可以单独使用，也可以结合使用，提供不同层次的安全保护。

SA 是 IPsec 的基础机制，用于定义通信双方的安全属性，包括加密算法、认证算法和密钥。每个 SA 是单向的，通常需要两个 SA 来建立双向通信。SA 通过安全参数索引（SPI）进行标识，SPI 是数据包头中的一个字段，用于指示具体使用哪个 SA。

IKE 用于建立和管理 IPsec 的 SA。IKE 通过协商和交换密钥材料，动态生成加密和认证密钥。IKE 的工作过程包括两个阶段：第一阶段，通信双方建立一个安全通道，称为 IKE SA，用于保护第二阶段的通信；第二阶段，通信双方通过 IKE SA 协商并建立 IPsec SA，用于保护实际的数据传输。IKEv2 是最新版本，提供了更好的性能和安全性，支持更强的加密算法和更灵活的配置。

IPsec 协议支持两种工作模式：传输模式和隧道模式。在传输模式下，IPsec

仅保护 IP 数据包的有效载荷，而不修改 IP 头。传输模式通常用于端到端通信，如在主机间的通信。在隧道模式下，整个 IP 数据包被加密和封装在一个新的 IP 数据包中，适用于网关之间的通信，如在 VPN 中。隧道模式提供了更强的安全性，因为它隐藏了原始 IP 数据包的头信息。

IPsec 的安全性依赖强大的加密和认证算法。常用的加密算法包括 AES 和 3DES，认证算法包括 HMAC–SHA–256 和 HMAC–SHA–1。IPsec 还支持密钥轮换和多种认证机制，如基于证书的认证和预共享密钥（PSK）认证。这些特性确保了 IPsec 在面对各种攻击时的强大防护能力。

IPsec 在企业网络和远程访问 VPN 中得到了广泛应用。企业通过 IPsec VPN，能够在公共网络上建立安全的虚拟专用网络，保护敏感数据的传输安全。远程员工使用 IPsec VPN 访问公司内网，确保工作数据的机密性和完整性。IPsec 的灵活性和强大安全性使其成为构建安全网络通信的重要工具。

尽管 IPsec 提供了强大的安全保障，其配置和管理也具有一定的复杂性。为了确保 IPsec 的安全性，网络管理员需要合理配置 SA、选择强加密算法、管理密钥和证书，并定期进行安全审计。此外，IPsec 的性能开销也是一个需要考虑的因素，特别是在高性能网络环境中。

IPsec 的未来发展方向包括提高协议效率和灵活性，适应新的网络环境和安全需求。随着物联网和 5G 技术的发展，IPsec 需要在这些新兴领域实现高效和安全的应用。此外，抗量子计算的加密算法研究和引入也是 IPsec 未来发展的重要方向之一，以应对量子计算对现有加密算法的挑战。

（三）SSH 协议

安全外壳协议（Secure Shell，简称 SSH）是一种用于安全远程登录和其他网络服务的协议，通过加密和认证机制，确保数据传输的机密性、完整性和真实性。SSH 广泛应用于系统管理、文件传输和网络服务的安全访问，提供了强大的安全保障。

SSH 协议包括两个主要版本：SSH–1 和 SSH–2。SSH–1 是最初的版本，已经被发现存在多种安全漏洞，因此不再推荐使用。SSH–2 是改进版本，提供了更强的安全性和更多的功能，成为目前广泛使用的 SSH 版本。SSH–2 引入了更强的加密算法和更加安全的密钥交换机制，确保数据传输的安全性。

SSH 协议的工作过程包括会话建立、用户认证和数据传输加密。在会话建立阶段，客户端和服务器通过交换公钥和协商加密算法，建立一个安全的通信通道。客户端发送一个"客户端你好"消息，包含支持的协议版本和加密算法列表。服务器响应一个"服务器你好"消息，选择一个协议版本和加密算法，并发送其公钥。客户端验证服务器公钥的有效性，并生成一个会话密钥，使用服务器的公钥加密后发送给服务器。服务器使用其私钥解密会话密钥，双方通过会话密钥加密后续的数据传输。

用户认证是 SSH 协议的重要组成部分，确保只有合法用户能够访问系统资源。SSH 支持多种认证方式，包括基于密码的认证、基于公钥的认证和基于证书的认证。基于密码的认证是最简单的方式，用户通过输入密码进行认证。然而，基于密码的认证存在被猜测和暴力破解的风险。基于公钥的认证使用非对称加密算法，用户生成一对公钥和私钥，并将公钥上传到服务器。每次登录时，服务器生成一个随机数并使用用户的公钥加密，用户使用其私钥解密并返回结果，完成认证过程。基于公钥的认证提供了更强的安全性，防止密码泄露和暴力破解。

SSH 协议还支持基于证书的认证，通过证书颁发机构（CA）签发的数字证书进行认证。用户和服务器持有由 CA 签发的证书，证书中包含公钥和身份信息。认证过程中，双方验证对方的证书，确保通信的合法性和安全性。基于证书的认证提供了更高的安全性和灵活性，适用于大型企业和复杂网络环境。

SSH 协议的加密机制确保数据传输的机密性和完整性。SSH–2 使用对称加密算法如 AES 和 ChaCha20，对传输的数据进行加密，确保数据在传输过程中不被截获和篡改。SSH 还使用消息认证码（MAC）和哈希函数（如 SHA–256）来确保数据的完整性和认证，防止数据被篡改。

SSH 协议的应用非常广泛，特别是在系统管理和远程访问中。系统管理员通过 SSH 远程登录服务器，执行管理和维护任务，确保系统的正常运行。开发者和运维人员使用 SSH 进行安全的文件传输和应用部署，保护敏感数据和配置文件的安全。SSH 还用于安全的网络服务访问，如远程数据库访问和安全的隧道服务。尽管 SSH 提供了强大的安全保障，其配置和管理仍需谨慎。为了确保 SSH 的安全性，系统管理员需要合理配置认证方式、选择强加密算法、管理密钥和证书，并定期进行安全审计。此外，SSH 的使用过程中也应注意防范社会工程攻击和钓鱼攻击，确保认证信息的安全。

SSH 协议的未来发展方向包括提高协议的效率和灵活性，适应新的网络环境和安全需求。随着物联网和云计算的发展，SSH 需要在这些新兴领域实现高效和安全的应用。此外，抗量子计算的加密算法研究和引入也是 SSH 未来发展的重要方向之一，以应对量子计算对现有加密算法构成的挑战。

二、网络安全机制的实现

（一）访问控制机制

访问控制机制是网络安全的重要组成部分，通过对用户和系统资源的访问权限进行管理和控制，确保只有授权的用户能够访问特定的资源。访问控制机制的核心目标是保护信息的机密性、完整性和可用性。常见的访问控制模型包括自主访问控制（DAC）、强制访问控制（MAC）和基于角色的访问控制（RBAC）。

DAC 是最早和最简单的访问控制模型，由资源所有者决定谁可以访问资源以及如何访问。每个资源都有一个访问控制列表（ACL），列出哪些用户或组具有访问权限。DAC 的优点在于灵活性高，适用于小型系统和简单的访问控制需求。然而，DAC 的安全性较弱，容易受到内部人员的恶意行为和错误配置的影响。

MAC 是由系统强制实施的访问控制策略，用户无法自行更改访问权限。MAC 基于安全标签和安全级别，系统根据预定义的安全策略控制资源访问。常见的 MAC 实现包括贝尔—拉帕杜拉模型和比巴完整性模型。贝尔—拉帕杜拉模型侧重于保护信息的机密性，基于"不读上、不写下"原则，防止信息泄露。比巴完整性模型则强调信息的完整性，基于"不读下、不写上"原则，防止信息被未经授权的修改。MAC 适用于高安全需求的系统，如军事和政府机构，但其复杂性和管理成本较高。

RBAC 通过将权限分配给角色，再将角色分配给用户，实现访问控制的简化管理。RBAC 的核心思想是用户的访问权限由其角色决定，而不是直接分配给用户。RBAC 提供了灵活性和可扩展性，适用于大中型系统和复杂的访问控制需求。RBAC 的实现包括定义角色、分配权限、分配角色给用户和建立角色层次结构。通过这些步骤，RBAC 能够有效地管理和控制用户对系统资源的访问。

访问控制机制的实现还包括访问控制策略的制定和实施。访问控制策略定义了系统中各类用户的权限和访问规则。常见的访问控制策略包括最小权限原则、分离职责和安全区域划分。最小权限原则要求用户只能拥有执行其工作所需的最小权限，减少潜在的安全风险。分离职责通过将关键任务分配给不同的用户，防止单个用户拥有过多权限。安全区域划分将系统分为多个安全区域，不同区域之间的访问受限，防止安全威胁在系统中扩散。

访问控制机制的技术实现包括认证、授权和审计。认证是验证用户身份的过程，常用的方法包括密码、智能卡、生物特征识别等。授权是在用户通过认证后，根据访问控制策略授予其访问权限。审计是记录和分析用户的访问行为，发现和处理潜在的安全问题。通过认证、授权和审计的结合，访问控制机制能够有效地保护系统资源的安全。

（二）防火墙技术的实现

防火墙是网络安全的关键技术，通过监控和控制进出网络的数据流量，防止未经授权的访问和恶意活动。防火墙的核心功能包括包过滤、状态检测和应用层过滤。根据其实现方式和部署位置，防火墙可以分为硬件防火墙、软件防火墙和虚拟防火墙。

包过滤防火墙是最基本的防火墙类型，通过检查数据包的头信息，如源地址、目的地址、端口号和协议类型，决定是否允许或拒绝数据包。包过滤防火墙的优点是效率高、实现简单，但只能检查数据包的头信息，无法检测数据包的内容和状态。因此，包过滤防火墙适用于保护网络边界的基本安全需求。

状态检测防火墙在包过滤的基础上增强了对数据包状态的检测能力。状态检测防火墙维护一个状态表，记录每个连接的状态信息，如源地址、目的地址、端口号、协议类型和连接状态。通过检查数据包是否符合已有连接的状态，状态检测防火墙能够更准确地判断数据包的合法性。状态检测防火墙适用于需要更高安全性的网络环境，如企业内部网络和数据中心。

应用层防火墙（或代理防火墙）工作在 OSI 模型的第七层（应用层），能够检查和过滤数据包的内容。应用层防火墙通过代理服务器实现，所有进出网络的数据流量都必须经过代理服务器进行检查和过滤。应用层防火墙的优点是能够检测和防御应用层攻击，如 SQL 注入和跨站脚本攻击，但其性能较低，适用于需要高安全性的应用场景，如在线交易和网络银行。

防火墙的部署方式包括单一防火墙部署和多层防火墙部署。单一防火墙部署是在网络边界处部署一道防火墙，用于保护整个网络。多层防火墙部署是在网络的不同层次和区域部署多个防火墙，形成纵深防御体系。多层防火墙部署能够提供更强的安全保障，但其复杂性和管理成本较高，适用于大型企业和复杂网络环境。

防火墙的配置和管理是确保其有效性的关键。配置防火墙规则时，应遵循最小权限原则，只允许必要的数据流量通过。防火墙规则应定期更新和优化，适应网络环境和安全需求的变化。防火墙的日志和报警功能能够记录和分析网络活动，发现和处理潜在的安全问题。定期审计防火墙配置和日志，能够及时发现配置错误和安全隐患，提高防火墙的整体安全性。

防火墙技术的未来发展方向包括智能防火墙和下一代防火墙（NGFW）。智能防火墙通过引入人工智能技术，能够动态调整防火墙规则，提高威胁检测和响应能力。NGFW 结合包过滤、状态检测和应用层过滤的功能，提供了更全面的安全防护。NGFW 还集成了入侵检测和防御系统（IDS/IPS）、防病毒和防恶意软件功能，能够全面应对各种网络威胁。

（三）入侵检测系统

入侵检测系统（IDS）是网络安全的重要组成部分，它通过监控网络和系统活动，发现和响应潜在的安全威胁。IDS 的核心功能包括实时监控、威胁检测和报警。根据其部署位置和检测方法，IDS 可以分为网络入侵检测系统（NIDS）

和主机入侵检测系统（HIDS）。

NIDS 部署在网络边界或关键节点，通过分析网络流量和数据包，检测潜在的安全威胁。NIDS 使用多种检测技术，包括签名检测、基于异常的检测和基于状态的检测。签名检测通过匹配已知攻击模式的特征，快速识别常见攻击。基于异常的检测通过建立网络流量的正常行为模型，检测偏离正常行为的异常活动。基于状态的检测通过分析数据包的状态和连接信息，检测复杂的多阶段攻击。

HIDS 部署在主机或服务器上，通过监控系统日志、文件完整性和进程活动，检测潜在的安全威胁。HIDS 能够深入分析主机内部的活动，发现难以通过网络流量检测的攻击，如内存溢出和特权提升。HIDS 常用的检测技术包括文件完整性监控、系统调用分析和行为分析。文件完整性监控通过定期检查关键文件的哈希值，检测文件的未授权修改。系统调用分析通过监控和分析系统调用，检测恶意行为。行为分析通过建立主机的正常行为模型检测异常活动。

入侵检测系统的部署方式包括单一 IDS 部署和多层 IDS 部署。单一 IDS 部署是在网络边界或关键节点部署一个 IDS，用于监控整个网络。多层 IDS 部署是在网络的不同层次和区域部署多个 IDS，形成纵深防御体系。多层 IDS 部署能够提供更强的安全保障，但其复杂性和管理成本较高，适用于大型企业和复杂网络环境。多层 IDS 部署的配置和管理是确保其有效性的关键。配置 IDS 规则时，应根据网络环境和安全需求，选择适当的检测技术和策略。IDS 规则应定期更新和优化，适应新的攻击手段和安全威胁。IDS 的日志和报警功能能够记录和分析网络和系统活动，发现和处理潜在的安全问题。定期审计 IDS 配置和日志，能够及时发现配置错误和安全隐患，提高 IDS 的整体安全性。

入侵检测系统的未来发展方向包括智能入侵检测系统和自适应入侵检测系统。智能入侵检测系统能够动态调整检测规则，提高威胁检测和响应能力。自适应入侵检测系统通过实时分析网络和系统活动，自动调整检测策略和配置，适应不断变化的网络环境和安全需求。通过这些技术的应用，入侵检测系统能够提供更强大的安全保障，全面应对各种网络威胁。

三、安全协议的性能与效率

（一）协议的性能评估

协议的性能评估是确保网络安全协议在实际应用中高效运行的重要环节。我们评估性能时，通常关注协议的延迟、吞吐量、资源消耗和安全性等方面。综合分析这些指标，可以全面了解协议的性能表现，为优化和选择合适的协议提供依据。

延迟是协议性能评估的关键指标之一，表示数据从源端到达目的端所需的

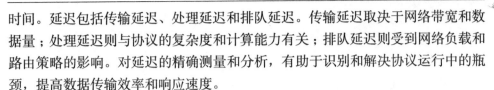

时间。延迟包括传输延迟、处理延迟和排队延迟。传输延迟取决于网络带宽和数据量；处理延迟则与协议的复杂度和计算能力有关；排队延迟则受到网络负载和路由策略的影响。对延迟的精确测量和分析，有助于识别和解决协议运行中的瓶颈，提高数据传输效率和响应速度。

吞吐量是指单位时间内协议能够处理的数据量。高吞吐量意味着协议可以高效地传输大量数据，是衡量协议性能的重要指标。吞吐量受到网络带宽、协议效率和系统资源的限制。通过实验和模拟，可以测量和分析不同协议在各种网络环境下的吞吐量表现，从而为优化和选择提供依据。

资源消耗包括计算资源和存储资源的使用情况。协议在运行过程中需要消耗CPU、内存和带宽等资源，不同协议的资源消耗差异较大。资源消耗的评估需要综合考虑协议的计算复杂度、加密算法效率和数据处理能力。合理评估资源消耗，可以平衡协议的安全性和性能，确保系统资源的高效利用。

安全性是协议性能评估中不可忽视的方面。安全性与性能有时存在矛盾，高效的安全协议必须在提供足够安全保障的同时尽量减少对性能的负面影响。通过安全分析和攻击测试，可以评估协议在面对各种威胁时的表现，从而确保其在实际应用中的可靠性和安全性。

性能评估通常采用实验和模拟两种方法。实验方法通过实际部署和运行协议，测量和记录各项性能指标，以获得真实的性能数据。模拟方法则利用仿真工具和模型，对协议进行模拟和分析，预测其在不同网络环境下的性能表现。这两种方法相结合，可以全面、准确地评估协议的性能，为优化和选择提供科学依据。

（二）协议的效率优化

协议的效率优化是提高网络性能和用户体验的重要手段。通过优化协议的设计和实现，可以减少延迟、提高吞吐量、降低资源消耗，从而提高整体效率。常见的优化方法包括算法优化、协议压缩和资源管理等。

算法优化是协议效率优化的核心。通过改进加密算法和数据处理算法，可以显著提高协议效率。常用的优化技术包括算法并行化、哈希表和缓存机制等。并行化技术通过将任务分解为多个并行执行的子任务，提高处理速度；哈希表和缓存机制则通过减少重复计算和数据访问，提高处理效率。此外，选择高效的加密算法，如 AES 和 ChaCha20，也可以在确保安全性的同时提高协议的运行效率。

协议压缩是另一种有效的优化方法。通过压缩协议中的数据和头信息，可以减少传输数据量，从而降低延迟和资源消耗。常见的压缩技术包括数据压缩和头部压缩。数据压缩利用算法如 GZIP 和 Deflate，将数据进行压缩传输；头部压缩则通过减少冗余信息和优化头部结构，提高传输效率。协议压缩在实际应用中可以显著提高网络性能，特别是在带宽受限和高延迟的网络环境下。

资源管理是优化协议效率的重要环节。通过合理分配和管理计算资源、存储资源和网络资源，可以提高协议的运行效率。资源管理技术包括负载均衡、资源分配和资源调度。负载均衡通过将任务分配到多个处理单元，均衡资源使用，避免单点过载；资源分配通过动态调整资源使用策略，提高资源利用率；资源调度则通过优化任务执行顺序和资源访问策略，减少资源冲突和等待时间。这些技术的应用，可以在保证安全性的前提下，提高协议的整体效率。

协议的效率优化还可以通过改进协议的设计和实现来实现。比如，简化协议的状态机和控制流，减少协议的交互次数和复杂度；优化数据结构和存储方式，提高数据访问和处理速度；利用硬件加速技术，如硬件加密和专用网络处理器，提高协议的处理能力和效率。这些改进措施，可以显著提高协议的运行效率，降低延迟和资源消耗。

（三）协议在实际应用中的表现

协议在实际应用中的表现是衡量其性能和效率的最终标准。通过分析和评估协议在不同应用场景下的表现，可以全面了解其优缺点，为优化和选择提供科学依据。常见的应用场景包括电子商务、在线银行、企业网络和移动通信等。

在电子商务中，协议的安全性和效率直接关系到用户体验和交易安全。SSL/TLS 协议广泛应用于电子商务网站，保护用户的敏感信息和交易数据。通过对 SSL/TLS 协议在不同负载和网络环境下的表现进行分析，可以发现其在处理大量并发请求和高流量数据时的优缺点，并有针对性地进行优化。比如，通过采用高效的加密算法和压缩技术，可以提高 SSL/TLS 协议的效率，减少延迟和资源消耗，提升用户体验。

在线银行系统对协议的安全性和效率要求更高。金融交易的安全性至关重要，协议必须在保证数据机密性和完整性的同时，提供高效的处理能力。IPsec 协议在在线银行系统中得到广泛应用，通过加密和认证机制，保护用户的交易数据和账户信息。分析 IPsec 协议在实际应用中的表现，可以发现其在处理高频次交易和大规模用户访问时的瓶颈，并通过优化算法和资源管理，提高协议的效率和安全性。

在企业网络中，协议的效率直接影响内部通信和业务流程的运行效率。SSH 协议在企业网络中广泛应用于远程登录和数据传输，提供安全的通信通道。通过评估 SSH 协议在不同网络拓扑和负载下的表现，可以发现其在处理大量并发连接和大数据传输时的优缺点，并有针对性地进行优化。比如，通过优化 SSH 协议的加密算法和数据压缩技术，可以提高其在企业网络中的效率，降低延迟和资源消耗，保障业务的连续性和稳定性。

在移动通信中，协议的效率直接影响用户体验和网络性能。移动设备的资源有限，协议的效率优化尤为重要。TLS 协议在移动通信中广泛应用于保护数据传输的安全性，通过分析 TLS 协议在不同移动网络环境下的表现，可以发现其在处理高延迟和低带宽网络时的瓶颈，并通过优化算法和资源管理，提高协议的效率和性能。比如，采用轻量级加密算法和数据压缩技术，可以提高 TLS 协议在移动通信中的效率，减少延迟和资源消耗，提升用户体验。

通过对安全协议和机制的研究，我们深入了解了保障网络通信安全的核心技术。这些协议的应用不仅提升了网络安全的整体水平，也为构建更安全的网络环境提供了重要技术支持。

网络安全的基础理论是整个网络安全体系的根基。理论不仅为技术研究提供指导，也为实际应用提供方法和思路。密码学特别是对称加密和非对称加密的结合使用，为网络数据的保密性和完整性提供了保障。密钥管理与分发作为核心问题，其有效性直接影响系统的安全性。数字签名与认证机制的应用，为网络通信中的身份验证和数据完整性提供了可靠保障。进一步研究和完善这些基础理论，不仅有助于解决当前的安全问题，还能为未来的网络安全技术发展提供坚实基础。通过不断探索和创新，我们可以在理论和实践上取得更大的突破，提升网络安全的整体水平。

第三章　网络攻击与防御技术

一直以来，网络攻击与防御技术都是网络安全领域的核心。网络攻击手段不断演化，攻击的复杂性和多样性对现有防御技术提出了挑战。深入研究网络攻击的原理、手段和工具，并实现和设计有效的防御技术显得尤为重要。

分布式拒绝服务（DDoS）攻击、恶意软件和钓鱼攻击等成为网络攻击的主要手段。DDoS 攻击通过大量合法请求占用网络资源，导致目标系统无法正常服务；恶意软件通过植入恶意代码，窃取用户数据或破坏系统功能；钓鱼攻击则通过伪装成合法网站或邮件，诱骗用户提供敏感信息。理解这些攻击手段的工作原理，有助于制定有效的防御策略。

攻击工具与平台是攻击者实施攻击的主要手段。工具种类繁多，包括网络扫描工具、漏洞利用工具、后门工具等；攻击平台为攻击者提供了集成化攻击环境，使攻击行为更加隐蔽和高效。本章研究这些工具和平台的使用方法与防御措施，提升网络防御能力。

第一节　网络攻击技术

网络攻击技术的研究是理解和应对网络安全威胁的基础。本节将详细介绍常见的网络攻击手段，如 DDoS 攻击、恶意软件和钓鱼攻击，并分析其工作原理和实施方式。这些知识对制定有效的防御策略至关重要。

一、常见网络攻击手段

（一）DDoS 攻击

DDoS 攻击是一种比较常见的网络攻击方式，并且具有高度的破坏性，通过大量的虚假请求淹没目标服务器或网络资源，使其无法正常为合法用户提供服务。DDoS 攻击通常利用分布在全球各地的受感染计算机或设备（也为"僵尸网络"），协同向目标发送大量请求，导致目标系统资源耗尽。

DDoS 攻击的主要类型包括流量洪水攻击、协议攻击和应用层攻击。流量洪水攻击通过发送大量伪造的流量数据包，使目标网络带宽饱和，从而阻止合法流量的正常传输。常见的流量洪水攻击包括 UDP 洪水攻击和 ICMP 洪水攻击。UDP 洪水攻击利用 UDP 协议的无连接特性，通过向目标发送大量伪造的 UDP 数据包，使目标处理大量无效数据包，导致网络拥塞。ICMP 洪水攻击则通过发送大量 ICMP 回显请求（Ping），使目标网络无法响应合法的 ICMP 请求。

协议攻击通过利用网络协议的漏洞或特性，使目标系统资源耗尽，无法处理合法请求。常见的协议攻击包括 SYN 洪水攻击和 ACK 洪水攻击。SYN 洪水攻击通过向目标发送大量的 TCP 连接请求（SYN 包），使目标系统分配大量资源处理这些请求，导致系统资源耗尽。ACK 洪水攻击则利用 TCP 连接的确认机制，向目标发送大量的 ACK 包，使目标系统资源被大量消耗在无效的确认处理上。

应用层攻击针对网络应用程序层，通过发送伪造的合法请求，使目标应用程序资源耗尽。常见的应用层攻击包括 HTTP 洪水攻击和 Slowloris 攻击。HTTP 洪水攻击通过向目标 Web 服务器发送大量的 HTTP 请求，使服务器处理能力饱和，无法响应合法用户请求。Slowloris 攻击则通过保持与目标 Web 服务器的连接不关闭，使服务器资源被占用，从而拒绝其他合法连接。

DDoS 攻击的防御措施包括流量过滤、速率限制和分布式防护。流量过滤通过识别和阻止伪造流量，确保合法流量的正常传输。速率限制通过控制每个连接的最大速率，防止单个连接占用过多资源。分布式防护通过在多个节点分布部署防护措施，分散攻击流量，减少单点故障的风险。此外，使用 CDN（内容分发网络）和 WAF（Web 应用防火墙）等技术，也可以有效抵御 DDoS 攻击。

DDoS 攻击对网络和服务的影响巨大，不仅导致服务中断和经济损失，还可能损害企业声誉。为了有效防御 DDoS 攻击，组织需要不断提升网络安全防护能力，部署先进的防护技术，并定期进行安全评估和演练，确保在攻击发生时系统能够迅速响应和恢复。

（二）恶意软件

恶意软件（Malware）是指旨在损害计算机系统、窃取数据或破坏网络的恶意程序。恶意软件的种类繁多，包括病毒、蠕虫、木马、间谍软件和勒索软件等。每种恶意软件都有其特定的攻击方式和目标，但它们共同的特点是通过恶意手段达到攻击者的目的。

病毒是一种能够自我复制并传播的恶意程序，通常通过感染合法文件或系统引导病区传播。病毒的破坏方式多种多样，包括删除文件、修改数据和破坏系统等。计算机病毒通常通过电子邮件附件、下载的文件或共享网络传播。一旦病毒感染系统，它会试图通过自我复制并感染更多的文件或系统，造成广泛的破坏。

蠕虫是一种自我复制的恶意程序，与病毒不同的是，蠕虫不需要宿主文件即可传播。蠕虫利用网络漏洞或弱密码，通过网络传播并感染其他计算机。蠕虫的破坏性在于其传播速度快，能够在短时间内感染大量计算机，导致网络拥塞和系统崩溃。知名的蠕虫攻击如"震网"蠕虫（Stuxnet）和"永恒之蓝"蠕虫（EternalBlue）等，造成了广泛的破坏和影响。

木马是一种伪装成合法软件的恶意程序，通过诱骗用户安装和执行，从而获得系统控制权。木马通常通过社交工程手段，如钓鱼邮件和伪装的软件下载链接，诱骗用户安装。木马可以窃取用户的敏感信息、监视用户活动、远程控制计算机等。木马的危害性在于其隐蔽性强，难以被发现和清除。

间谍软件是一种用于监视和收集用户信息的恶意程序。间谍软件通常通过免费软件或浏览器插件捆绑安装，用户在不知情的情况下被监视。间谍软件可以收集用户的浏览历史、键盘输入、屏幕截图等信息，并将这些信息发送给攻击者。间谍软件的危害性在于侵犯用户隐私，并可能被用于身份盗窃和金融欺诈等。

勒索软件是一种通过加密用户文件或锁定系统，勒索受害者支付赎金的恶意程序。勒索软件通常通过钓鱼邮件或漏洞利用传播，一旦感染系统，它会加密用户的重要文件，并显示赎金要求信息。受害者必须支付赎金才能获得解密密钥，恢复访问文件。勒索软件的危害性在于其可能带来直接经济损失和数据丢失风险。近年来，勒索软件攻击频繁发生，对企业和个人造成了严重影响。

防御恶意软件的措施包括安装和更新防病毒软件、定期备份重要数据、保持系统和软件的最新补丁状态、谨慎处理电子邮件附件和下载文件等。此外，教育用户关于网络安全的基本知识，增强安全意识，也是防御恶意软件的重要手段。多层次的防护措施可以有效降低恶意软件攻击的风险，保护系统和数据的安全。

（三）钓鱼攻击

钓鱼攻击是一种通过伪装成合法实体，诱骗用户提供敏感信息或执行恶意操作的网络攻击方式。钓鱼攻击通常通过电子邮件、短信、电话或社交媒体进行，攻击者利用社会工程学手段，诱导受害者泄露账号密码、金融信息或点击恶意链接。

电子邮件钓鱼是最常见的钓鱼攻击方式，攻击者发送伪装成银行、电子商务网站或其他可信机构的电子邮件，诱骗受害者点击链接并输入敏感信息。这些邮件通常包含紧急通知、账户问题或诱人的优惠，迫使受害者在紧张或好奇的心理下执行操作。攻击者通过伪造邮件地址、使用仿冒的公司标志和专业术语，使邮件看起来真实可信，提高成功率。

短信钓鱼（SMiShing）通过发送伪装成银行或服务提供商的短信，诱骗受害者点击链接或回复敏感信息。钓鱼短信通常包含账户异常通知、奖品通知或紧急情况，迫使受害者在紧急情况下作出回应。受害者点击链接后，会被引导到一个伪造的网站，要求输入账号密码或其他敏感信息。

电话钓鱼（Vishing）通过伪装成合法机构的电话，诱骗受害者提供敏感信息或执行恶意操作。攻击者通常伪装成银行职员、技术支持人员或政府官员，使用社会工程学手段，利用受害者的信任和恐惧心理，获取敏感信息。电话钓鱼攻击者可能使用技术手段伪造来电号码，使受害者相信电话来源的真实性。

社交媒体钓鱼利用社交平台的互动性，通过伪装成好友、同事或可信组织，诱骗受害者点击链接或提供敏感信息。社交媒体钓鱼攻击通常通过私信、帖子或评论进行，利用受害者的信任和好奇心，达到攻击目的。攻击者可能使用伪造的账号或盗取的合法账号，增加攻击的可信度。

钓鱼攻击的防御措施包括增强用户的安全意识、使用多因素认证和部署反钓鱼技术。增强用户的安全意识是防御钓鱼攻击的关键，通过培训和教育，帮助用户识别钓鱼邮件、短信和电话，谨慎处理陌生链接和要求提供敏感信息的请求。多因素认证通过增加额外的验证步骤，即使账号密码泄露，也能有效防止攻击者访问账户。反钓鱼技术如反钓鱼过滤器和浏览器安全功能，可以检测和阻止钓鱼网站和恶意链接，提高网络安全性。

在实际应用中，企业和组织应建立健全的安全策略和应急响应计划，定期进行安全审计和钓鱼演练，及时发现和修补安全漏洞，提高整体防御能力。多层次的防护措施和安全管理，可以有效降低钓鱼攻击的风险，保护用户的敏感信息和系统安全。

二、网络攻击工具与平台

（一）攻击工具分类

网络攻击工具是攻击者用来实施各种网络攻击的程序和软件，这些工具根据其功能和用途可以分为不同的类别。主要攻击工具分类包括漏洞利用工具、密码破解工具、网络嗅探工具、恶意软件生成工具和拒绝服务攻击工具等。

漏洞利用工具是攻击者用来发现和利用系统或应用程序中的漏洞，以获取未经授权的访问权限或执行恶意操作的工具。Metasploit 是最著名的漏洞利用工具之一，它提供了一个全面的漏洞数据库和自动化攻击框架，使攻击者能够轻松地发现和利用各种漏洞。另一个常见的漏洞利用工具是 Exploit-DB，它是一个公开的漏洞利用数据库，包含了大量的漏洞利用代码和详细的攻击说明。漏洞利用工具通常与漏洞扫描器配合使用，以快速识别目标系统中的潜在漏洞。

密码破解工具用于猜测或破解密码，以获取对系统或应用程序的访问权限。常见的密码破解工具包括 John the Ripper、Hashcat 和 Hydra。John the Ripper 是一款强大的密码破解工具，支持多种加密算法和哈希函数，可以通过字典攻击、暴力破解和混合攻击等方式破解密码。Hashcat 是另一款流行的密码破解工具，支持 GPU 加速，可以大幅提高破解速度。Hydra 则专注于网络协议的密码破解，支持 SSH、FTP、HTTP 和其他多种协议的密码猜测和破解。密码破解工具在渗透测试和密码强度评估中也有广泛应用。

网络嗅探工具用于捕获和分析网络流量，以获取敏感信息和监控网络活动。Wireshark 是最著名的网络嗅探工具之一，提供了强大的网络数据包捕获和分析功能，支持多种网络协议。Tcpdump 是一款命令行网络嗅探工具，适用于快速捕获和分析网络流量。网络嗅探工具可以帮助攻击者获取明文传输的密码、会话令牌和其他敏感信息，为进一步攻击提供信息支持。

恶意软件生成工具用于创建各种类型的恶意软件，如病毒、蠕虫、木马和勒索软件等。TheFatRat 是一款流行的恶意软件生成工具，提供了创建和嵌入恶意代码的功能，使攻击者能够生成多种类型的恶意软件。MSFVenom 是 Metasploit 框架中的一个组件，用于生成各种类型的恶意负载和编码器，可以将恶意代码嵌入合法文件中。恶意软件生成工具的使用，使得创建和传播恶意软件变得更加容易和高效。

拒绝服务攻击工具用于实施拒绝服务（DoS）和分布式拒绝服务（DDoS）攻击，以瘫痪目标系统或网络服务。低轨道离子炮（LOIC）和高轨道离子炮（HOIC）是两款常见的拒绝服务攻击工具，提供了简单易用的界面，使攻击者能够轻松发起大规模的 DoS 攻击。僵尸网络（Botnets）是用于实施 DDoS 攻击的重要工具，攻击者通过控制大量受感染的计算机，协同发起攻击，使目标系统无法响应合法请求。

（二）攻击平台分析

攻击平台是攻击者用来组织和执行网络攻击的基础设施和工具集合。攻击平台通常包括恶意软件控制中心、攻击工具集成框架和僵尸网络控制系统等。Metasploit 框架是目前使用最广泛的攻击平台之一，提供了一个全面的漏洞利用工具集和自动化攻击框架，使攻击者能够轻松执行各种类型的网络攻击。

恶意软件控制中心是用于管理和控制恶意软件活动的集中平台。C2（Command and Control）服务器是恶意软件控制中心的核心组件，用于与受感染的计算机通信并下达命令。攻击者通过 C2 服务器，可以远程控制受感染的计算机，执行数据窃取、恶意活动传播和系统破坏等操作。C2 服务器通常通过加密通信和代理服务器隐藏其真实位置，以免被追踪和查封。

攻击工具集成框架是将多种攻击工具集成到一个平台，以提高攻击效率和协同作战能力。Metasploit 框架是最著名的攻击工具集成框架，提供了一个模块化的架构，使攻击者能够灵活组合和使用不同的攻击工具和技术。Metasploit 框架支持漏洞利用、后渗透测试、社会工程学攻击和恶意软件生成等多种功能，为攻击者提供了强大的攻击能力。

僵尸网络控制系统是用于管理和控制僵尸网络的关键平台。僵尸网络是由大量受感染的计算机组成的分布式网络，攻击者通过僵尸网络控制系统，可以远程控制这些受感染的计算机，协同发起 DDoS 攻击、垃圾邮件发送和恶意软件传播等活动。僵尸网络控制系统通常通过分布式架构和加密通信，确保其高可用性和隐蔽性，使攻击者能够长期控制和利用僵尸网络。

攻击平台的使用对网络安全构成了重大威胁，其多样性和灵活性使得攻击活动变得更加复杂和难以防御。攻击平台的不断发展和进化，使得网络攻击技术日益精细和高效，给网络安全带来了巨大挑战。

（三）工具与平台的结合应用

攻击工具与平台的结合应用，是攻击者实施复杂和高效网络攻击的重要手段。通过将各种攻击工具和平台有机结合，攻击者可以实现更强大的攻击效果和更高的攻击成功率。结合应用的主要方式包括工具的自动化集成、平台的协同控制和攻击的分布式实施等。

工具的自动化集成是通过脚本和自动化框架，将多种攻击工具集成到一个工作流中，实现自动化的攻击过程。比如，攻击者可以使用 Metasploit 框架，自动化执行漏洞扫描、漏洞利用和后渗透测试，将多个步骤集成到一个自动化脚本中，提高攻击的效率和隐蔽性。自动化集成不仅减少了人工干预的需求，还提高了攻击的准确性和一致性。

平台的协同控制是通过攻击平台的集中管理和控制，实现对多种攻击工具和技术的统一调度和协调。攻击者可以通过 C2 服务器，远程控制受感染的计算机，执行多种攻击活动，并通过加密通信和代理服务器隐藏其真实位置。协同控制使得攻击者能够灵活应对网络环境的变化，快速调整攻击策略和方法，提高攻击的成功率和破坏力。

攻击的分布式实施是通过僵尸网络和分布式攻击平台，协同多个受感染的计算机，分布式发起攻击活动。攻击者通过僵尸网络控制系统，远程控制大量受感染的计算机，协同发起 DDoS 攻击、垃圾邮件发送和恶意软件传播等活动。分布式实施不仅提高了攻击的规模和强度，还增强了攻击的复杂性和隐蔽性，使得防御和追踪变得更加困难。

攻击工具与平台的结合应用，对网络安全构成了巨大挑战。其防御措施包括多层次的安全防护、实时监控和快速响应等。多层次的安全防护通过多种安全技术和策略的结合，如防火墙、入侵检测系统和反病毒软件等，提供全面的安全保护。实时监控通过网络流量分析和行为检测，及时发现和阻止攻击活动。快速响应通过应急预案和快速修复，降低攻击影响并减少损失。

深入分析攻击工具与平台的结合应用，可以全面了解攻击者的策略和手段，为制定有效的防御措施提供依据。随着网络攻击技术的不断发展和演化，网络安全防御也需要不断创新和提升，以应对日益复杂和多样化的攻击威胁。

三、网络攻击案例分析

（一）知名攻击案例

2023 年 1 月 19 日，电信运营商 T–MobileUS 在其向美国证券交易委员会（SEC）提交的报告中公开，近期遭遇的一次网络安全事件导致约 3700 万用户个人信息被非法获取。T–Mobile 坦诚地指出，此次泄露的客户数据范围广泛，涵盖了客户姓名、账单地址、电子邮箱地址、电话号码、出生日期、T–Mobile 账户号以及账户订阅详情和套餐功能等敏感信息。

尽管如此，T–Mobile 在一份正式声明中明确表示，客户的支付卡信息（PCI）、社会保障号 / 报税识别码、驾驶执照或其他政府颁发的证件号码、密码 /PIN 码以及任何其他财务账户信息并未在此次事件中暴露。

据 T–Mobile 所述，黑客于 1 月 5 日通过一个未经授权的应用程序编程接口（API）获取了这些数据。值得注意的是，黑客从受影响的 API 中检索数据的行为始于 2022 年 11 月 25 日左右。在发现这一恶意活动后，外部网络安全专家迅速介入调查，并在短短一天内追踪到其源头，成功阻止了进一步的恶意活动。T–Mobile 对此表示："我们的调查工作仍在深入进行，目前可以确定的是，恶意活动已被全面控制，且没有迹象表明黑客能够破坏我们的系统或网络结构。"

T–Mobile 还指出，已将此次事件通报给相关联邦机构，并与司法部门保持紧密合作。同时，该公司还遵循州及联邦的法律规定，通知了可能受到此次数据泄露影响的客户。对于此次事件可能带来的财务影响，T–Mobile 表示，公司可能会因此承担一定的费用，但目前无法准确预测其对客户行为的全面影响，包括这种变化是否会对公司的运营结果产生持续的负面影响。然而，公司认为此次事件不会对其整体运营造成显著影响。

回顾 T–Mobile 的网络安全历史，这并不是该公司首次面临此类挑战。自 2018 年以来，T–Mobile 已经历了多起大型数据泄露事件。其中，2018 年 8 月的一次事件导致该公司约 3% 的客户数据被泄露。随后的几年里，T–Mobile 又相继遭遇了多次数据泄露事件，涉及范围包括客户个人信息、财务信息以及专有网络信息等。T–Mobile 正致力于解决这些问题，并不断寻求改进。比如，2022 年 7 月，为了应对 2021 年 8 月的数据泄露事件，T–Mobile 向受影响的客户支付了高达 3.5 亿美元的赔偿金，并承诺在 2023 年投资 1.5 亿美元用于升级其网络安全系统。

（二）攻击路径分析

在这起事件中，攻击者通过一个未经授权的应用程序编程接口（API）获取了大量 T-Mobile 的用户数据。

API 漏洞的利用通常包括两个步骤。首先，攻击者需要识别目标系统中存在的 API 并分析其潜在的弱点。通过自动化工具和手工测试，攻击者可以发现 API 中缺乏认证或权限验证的部分。接下来，攻击者利用这些弱点，通过伪造请求访问数据库或其他存储系统，从而获取大量用户数据。此次攻击中，攻击者通过反复试探和数据分析，成功地从 T-Mobile 的 API 中提取了敏感信息。

在识别和利用 API 漏洞后，攻击者通常会采取措施隐藏其行为，以延长未被发现的时间。攻击者可能通过分散请求和低速率的攻击方式，避免触发安全监控系统的警报。这次事件中，攻击者从 2022 年 11 月 25 日开始持续获取数据，直到 2023 年 1 月 5 日才被发现，这说明攻击者在隐藏其活动方面具备一定的技术能力。

攻击者能够在如此长时间内未被发现，这表明 T-Mobile 的安全监控系统存在一定盲区。有效的安全监控应能够检测异常的 API 请求模式和数据访问行为并及时发出警报。此外，定期的安全评估和漏洞扫描也是发现和修复 API 漏洞的重要手段。

（三）防御措施反思

我们从 T-Mobile 此次数据泄露事件中可以作出多项防御措施的反思，以提高整体网络安全水平。

首先，API 安全性必须得到重视。API 作为应用系统的关键接口，其安全性直接关系数据的保护。为了防止类似攻击，企业应采用严格的认证和权限验证机制，确保只有授权用户能够访问 API。

加强 API 的安全防护是防御此类攻击的重要措施。具体措施包括实施 API 网关，集中管理和保护所有 API 请求。API 网关可以提供统一的认证和授权服务，防止未经授权的访问。此外，使用速率限制和流量分析技术，可以有效防止攻击者通过大量请求进行数据抓取。

企业还应定期进行 API 安全评估和渗透测试，以发现和修复潜在的安全漏洞。渗透测试模拟攻击者的行为，测试 API 在各种攻击手段下的防护能力。通过这些测试，企业可以及时发现 API 的安全缺陷并进行修复。安全评估和渗透测试应成为企业网络安全管理的常规工作，持续提升系统的安全性。

其次，安全监控系统的完善也是防止此类攻击的关键。企业应部署高级威胁检测和响应系统，实时监控网络和系统活动。针对 API 的安全监控应重点关注异常请求模式、频繁的数据访问和未经授权的访问尝试。通过机器学习和行为分析技术，企业可以提高安全监控系统的准确性和响应速度，及时发现和阻止攻击行为。

再次，事件响应和应急处理是企业网络安全管理的重要环节。T–Mobile 在发现此次攻击后，能够迅速响应并阻止进一步的恶意活动，说明其具备一定的应急处理能力。企业应进一步完善事件响应流程，确保在类似事件发生时能够快速、有效地应对。应急预案应包括攻击检测、隔离受感染系统、通知受影响用户和配合执法部门等内容。此次事件还凸显了与外部网络安全专家合作的重要性。T–Mobile 在事件发生后，迅速引入外部专家进行调查和处理，有效遏制了攻击的进一步扩展。企业应建立与外部安全机构和专家的合作机制，当发生重大安全事件时，能够迅速获得专业支持和帮助。

最后，数据保护和用户隐私也是防御措施反思的重要方面。企业应加强对敏感数据的保护，采用加密、分段存储和访问控制等技术，确保即使数据被非法获取，也难以被攻击者解读和利用。用户隐私保护应贯穿于数据生命周期的每一个环节，从数据收集、存储到传输和销毁，确保用户数据的安全。

通过以上防御措施的反思和改进，企业可以提高自身的网络安全水平，有效防止类似数据泄露事件的发生。不断提升安全防护能力和应急响应能力，是保障网络安全和用户数据安全的关键。企业对网络攻击技术进行详细分析，能够识别和理解潜在的安全威胁。通过掌握这些攻击手段的原理，企业可以更有效地设计防御措施，提升网络系统的安全性和稳定性。

第二节　防火墙与入侵检测系统

防火墙与入侵检测系统（IDS）是网络安全防护的关键技术。本节将探讨防火墙技术的发展与应用，以及入侵检测系统的工作原理和实际部署。理解这些技术有助于构建多层次的网络防御体系。

一、防火墙技术及其发展

（一）包过滤防火墙

包过滤防火墙是最早出现且最基础的防火墙类型，通过检查进入和离开网络的数据包头信息，根据预定义的规则决定是否允许数据包通过。包过滤防火墙主要依赖访问控制列表（ACL）来管理网络流量，ACL 包含源地址、目的地址、

协议类型和端口号等信息。

它的工作机制相对简单，但其配置和管理也需要谨慎。每个数据包在进入网络时，包过滤防火墙会检查其头信息，并与 ACL 中的规则进行匹配。如果数据包符合某条规则，则允许其通过；否则，数据包将被丢弃。包过滤防火墙可以有效防止未经授权的访问和常见的网络攻击，如 IP 欺骗和端口扫描。

包过滤防火墙尽管在早期网络安全中发挥了重要作用，但也存在一些局限性。其一，包过滤防火墙只能检查数据包的头信息，无法深入检查数据包的内容和状态。这意味着，包过滤防火墙无法检测和阻止应用层攻击，如 SQL 注入和跨站脚本攻击。其二，包过滤防火墙的规则配置较为复杂，容易出现配置错误，导致安全漏洞。为了解决这些问题，包过滤防火墙逐渐被更高级的防火墙技术所取代。然而，在一些对性能要求较高且安全需求相对较低的网络环境中，包过滤防火墙仍然有其应用价值。通过结合其他安全技术，如入侵检测系统和入侵防御系统（IPS），可以增强包过滤防火墙的安全性。

包过滤防火墙的性能和效率取决于其硬件和软件实现。现代的包过滤防火墙通常采用专用硬件设备，以提高数据包处理速度和吞吐量。高性能的包过滤防火墙可以在不显著影响网络性能的情况下，提供基本的安全防护。

近年来，随着网络环境的复杂化和攻击手段的多样化，包括过滤防火墙的技术不断发展。新一代的包过滤防火墙集成了更多的安全功能，如协议分析、行为分析和异常检测，提升了其对复杂攻击的检测和防御能力。此外，包过滤防火墙还与其他网络安全设备和技术紧密集成，形成综合的网络安全解决方案。

（二）状态检测防火墙

状态检测防火墙是包过滤防火墙的进化版本，通过跟踪网络连接的状态信息，提高了对网络流量的检测和控制能力。状态检测防火墙维护一个连接状态表，记录每个连接的源地址、目的地址、端口号和协议类型等信息。通过检查数据包是否属于一个有效的、已建立的连接，状态检测防火墙能够更准确地判断数据包的合法性。其主要优势在于对网络流量的上下文感知能力。与包过滤防火墙不同，状态检测防火墙不仅检查数据包的头信息，还分析数据包在连接中的角色。通过这种方式，状态检测防火墙可以有效防止多种网络攻击，如 SYN 洪水攻击和 IP 欺骗攻击。SYN 洪水攻击通过发送大量伪造的 TCP 连接请求，使目标系统资源耗尽，状态检测防火墙能够通过识别异常的 SYN 包流量，及时阻止这种攻击。

状态检测防火墙的另一个显著特点是其动态规则管理能力。传统的包过滤防火墙依赖静态规则，这些规则在配置后通常不会改变。而状态检测防火墙则可以根据连接状态的变化动态调整规则，增强了防火墙的灵活性和适应性。比如，当

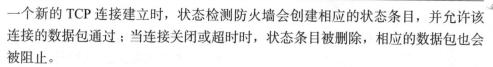

一个新的 TCP 连接建立时，状态检测防火墙会创建相应的状态条目，并允许该连接的数据包通过；当连接关闭或超时时，状态条目被删除，相应的数据包也会被阻止。

状态检测防火墙尽管在安全性和灵活性方面显著优于包过滤防火墙，但也存在一些挑战和局限性。状态检测防火墙需要维护大量的连接状态信息，这对内存和处理能力提出了较高的要求。在高流量环境下，状态检测防火墙可能面临性能瓶颈。此外，复杂的状态检测机制也增加了防火墙的配置和管理难度，管理员需要具备较高的专业知识和技能。

状态检测防火墙广泛用于保护企业内部网络和数据中心，其主要任务是防止外部攻击和内网入侵。通过与入侵检测系统（IDS）和入侵防御系统（IPS）的结合，状态检测防火墙能够提供更全面的安全保护。IDS/IPS 系统能够检测和阻止网络攻击，而状态检测防火墙则负责控制和管理网络连接，两者相辅相成，共同构建坚固的网络防线。

（三）应用层防火墙

应用层防火墙，也称代理防火墙，是一种高级防火墙技术，通过在 OSI 模型的应用层工作，提供深度数据包检测和内容过滤。与包过滤防火墙和状态检测防火墙不同，应用层防火墙能够检查数据包的内容，识别并阻止应用层攻击，如 SQL 注入和跨站脚本攻击。

应用层防火墙的工作原理是通过代理服务器，拦截并检查所有进出网络的数据流量。代理服务器在客户端和服务器之间充当中介，所有请求和响应都必须通过代理服务器进行处理。应用层防火墙能够解析和理解应用层协议，如 HTTP、FTP 和 SMTP 等，从而精确检测和阻止恶意数据包和攻击行为。其主要优势在于强大的内容过滤和应用层攻击防御能力。通过深度包检测（DPI），应用层防火墙可以分析数据包的内容和上下文，识别并阻止恶意代码、病毒和其他有害内容。应用层防火墙还可以根据预定义的规则和策略，过滤不良网站、阻止特定类型的文件传输和监控用户的上网行为。

尽管应用层防火墙提供了强大的安全防护，但其性能开销较大，对系统资源的需求较高。在处理大量数据包时，应用层防火墙的深度检测和内容分析会显著增加延迟和计算负载。为了平衡安全性和性能，应用层防火墙通常与其他类型的防火墙结合使用，共同提供全面的网络安全保护。

应用层防火墙在企业网络和数据中心中得到了广泛应用，其主要任务是保护关键应用程序和敏感数据免受网络攻击。通过与入侵检测系统（IDS）和入侵防御系统（IPS）的集成，应用层防火墙能够提供更全面的安全保护。IDS/IPS 系统负责检测和阻止网络攻击，而应用层防火墙则负责过滤和检查应用层数据包，两者相辅相成，共同构建坚固的网络防线。

综上所述，过滤防火墙、状态检测防火墙和应用层防火墙各有其优势和局限性。通过合理配置和结合使用这些防火墙技术，企业可以构建全面的网络安全防护体系，保护网络和数据免受各种类型的攻击。随着技术的不断进步和创新，防火墙技术将进一步提升其性能和安全性，为网络安全提供更加坚固的保障。

二、入侵检测系统的原理与应用

（一）入侵检测的基本原理

入侵检测系统（IDS）是一种重要的网络安全技术，通过监控网络和系统活动，识别和响应潜在的安全威胁。IDS 的核心原理包括数据收集、预处理、特征提取、模式匹配和响应处理。

数据收集是 IDS 的基础步骤，从网络和系统中捕获原始数据，这些数据包括网络数据包、系统日志和用户活动记录。接着，预处理步骤对这些原始数据进行清洗、过滤和格式化，确保后续分析的准确性。在特征提取阶段，从预处理后的数据中提取有用的特征，比如数据包头信息和用户行为模式。

在模式匹配过程中，IDS 通过将提取的特征与已知攻击特征库进行比较，识别潜在威胁。常用的检测方法包括基于特征的检测、基于异常的检测和混合检测。基于特征的检测依赖已知攻击的特征库，通过匹配数据中的特征与攻击特征库中的特征来识别攻击。基于异常的检测通过建立正常行为模型，检测偏离正常行为的异常活动来识别未知攻击。混合检测方法结合这两者的优势，提供更全面的威胁检测能力。

响应处理是 IDS 在检测到威胁后的应对措施，包括报警通知、日志记录和自动阻断。报警通知通过邮件、短信或控制台向安全管理员发送警报，提示潜在的安全威胁。日志记录将检测到的威胁信息记录下来，以便后续分析和审计。自动阻断则是系统自动采取措施，比如关闭网络连接或禁用账户，以阻止攻击的进一步发展。

IDS 的有效性依赖其检测算法的准确性和效率。准确性是指系统能够正确识别攻击和正常行为的能力，避免误报和漏报。效率是指系统在有限时间和资源内完成检测任务的能力，确保实时性和可扩展性。现代 IDS 通常采用多层次检测机制和分布式架构，结合多种检测方法和技术，以提供全面的安全保护。

随着网络环境的复杂化和攻击手段的多样化，IDS 也在不断发展。现代 IDS 可以通过自适应学习和智能分析，提升威胁检测能力和响应效率。行为分析和大数据技术的引入，使得 IDS 能够更准确地识别和预警复杂攻击，提升网络安全防护水平。

（二）基于网络的入侵检测

基于网络的入侵检测系统（NIDS）是部署在网络边界或关键节点，通过分析网络流量来检测和识别潜在的安全威胁的一种安全技术。NIDS 通过捕获和分析网络数据包，实时监控网络安全状态，识别异常流量和已知攻击模式。

NIDS 的主要功能包括流量监控、协议分析、特征匹配和异常检测。流量监控是通过网络接口捕获数据包并进行实时监控。协议分析则解析网络数据包的协议头信息，如 IP 地址、端口号和协议类型，以识别网络通信特征。特征匹配将捕获的数据包与已知攻击特征库进行比较，识别已知攻击行为。异常检测则通过建立正常流量模型，检测偏离正常行为的异常流量，识别未知攻击。

NIDS 通常部署在网络边界、数据中心入口和关键服务器前端，以便对进出网络的流量进行全面监控。通过部署在这些重要位置，NIDS 能够捕获大量的网络流量，提供全面的安全监控和威胁检测。

NIDS 的检测算法和技术决定了其检测能力和性能。NIDS 广泛应用于企业网络、数据中心和政府机构等重要网络环境，其主要任务是防止外部攻击和内网入侵。通过与防火墙、入侵防御系统（IPS）和安全信息与事件管理系统（SIEM）的集成，NIDS 能够提供更全面的安全保护。防火墙负责控制网络访问，IPS 则阻止攻击行为，SIEM 汇总和分析安全事件，三者相辅相成，共同构建坚固的网络防线。

现代 NIDS 还集成了深度包检测（DPI）、行为分析和威胁情报等高级功能。DPI 通过解析和分析数据包内容，识别复杂攻击和恶意流量。行为分析通过监控和分析网络行为，识别异常活动和潜在威胁。威胁情报则通过收集和分析全球安全威胁信息，提供实时威胁预警和防护。为了适应不断变化的网络环境和新兴威胁，NIDS 技术持续演进。新一代 NIDS 系统引入了更多的自动化管理和智能分析功能，使得检测和响应更加高效。同时，随着云计算和物联网的发展，NIDS 的部署方式和功能也在不断创新，以更好地满足现代网络安全的需求。

（三）基于主机的入侵检测

基于主机的入侵检测系统（HIDS）是一种部署在主机或服务器上，通过监控系统日志、文件完整性和进程活动，检测和识别潜在安全威胁的安全技术。HIDS 通过分析主机内部活动，识别异常行为和已知攻击模式，提供针对主机的安全防护。

HIDS 的主要功能包括日志分析、文件完整性监控、系统调用监控和进程活动监控。日志分析通过分析系统日志和应用日志，识别异常事件和攻击行为。文件完整性监控通过定期检查关键文件的哈希值，检测未授权修改和篡改。系统调用监控则通过监控和分析系统调用，识别恶意行为和潜在威胁。进程活动监控通过监控系统进程的启动、运行和终止，识别异常进程和恶意程序。

HIDS 通常部署在关键服务器、数据库服务器和重要应用服务器上，以便对主机内部活动进行全面监控。通过部署在这些关键位置，HIDS 能够深入分析主机内部活动，提供全面的安全监控和威胁检测。

现代 HIDS 还集成了行为分析、威胁情报和自动化响应等高级功能。行为分析通过监控和分析系统行为，识别异常活动和潜在威胁。威胁情报通过收集和分析全球安全威胁信息，提供实时威胁预警和防护。自动化响应通过预定义的策略和规则，自动采取措施阻止攻击和修复系统，降低安全事件的影响。为了应对未来更加复杂的安全挑战，HIDS 技术将继续融合先进的分析和管理工具。新技术的发展将使 HIDS 更具灵活性和响应速度，能够及时发现和应对新兴的安全威胁。随着网络环境的变化，HIDS 的功能和应用场景也将不断扩展和升级，进一步提高其在网络安全体系中的作用。

三、防火墙与入侵检测系统的综合应用

（一）综合应用的必要性

在现代网络安全防护中，单一的安全技术往往难以应对复杂多变的威胁环境。因此，防火墙与入侵检测系统（IDS）的综合应用变得至关重要。防火墙和 IDS 分别承担不同的安全职能，通过综合应用，能够弥补各自的不足，提供更全面的安全保护。

防火墙主要负责控制网络流量，根据预定义的安全策略允许或拒绝流量通过，从而阻止未授权的访问和攻击。它在网络边界起到了第一道防线的作用，但防火墙的规则往往是静态的，难以应对复杂和动态的攻击手段。防火墙无法深入检查数据包内容，也不能检测和响应内部威胁和已授权用户的恶意行为。

相较之下，IDS 具有实时监控和分析网络流量的能力，能够识别异常行为和已知攻击模式。IDS 通过捕获和分析网络数据包、系统日志等信息，对网络和系统活动进行全面监控。然而，IDS 本身并不具备阻止攻击的功能，仅能发出警报和记录日志，实际的防御措施仍需其他安全机制来执行。通过将防火墙与 IDS 综合应用，可以形成一个更加立体和高效的防御体系。防火墙作为第一道防线，阻挡未经授权的访问和基本的网络攻击；IDS 作为第二道防线，实时监控和分析网络流量，识别和响应更复杂的攻击行为。两者相结合，不仅能提高检测和防御的精确度，还能在防御过程中相互补充，增强整体的安全性。

在综合应用中，防火墙与 IDS 需要紧密协作，实现信息共享和联动响应。防火墙可以根据 IDS 的检测结果动态调整规则，增强防御能力。比如，当 IDS

检测到异常流量或攻击行为时，可以通知防火墙即时阻断相关的网络连接，从而防止攻击的进一步扩散。这种联动机制不仅提高了响应速度，还能在攻击初期就采取措施，减少潜在的损失。另外，综合应用还需要考虑系统性能和资源利用率的问题。防火墙与 IDS 的联合部署和协作，会增加系统的复杂性和资源消耗，因此，在设计和实现过程中，需要优化系统架构和资源分配，确保综合应用能够在高效运行的同时提供强大的安全防护。

在实际应用中，综合应用的策略和实现方式因网络环境和安全需求的不同而存在差异。一些企业选择将防火墙和 IDS 集成到同一设备中，通过统一的管理平台实现联动响应；另一些企业则采用分布式部署，通过安全信息与事件管理系统（SIEM）实现统一的监控和响应。无论哪种方式，目标都是通过综合应用提高整体的网络安全水平。随着网络威胁的不断演变和安全技术的发展，防火墙与 IDS 的综合应用也将不断演化。新技术如机器学习将被引入综合应用中，通过智能分析和自动化响应，进一步提升防御能力。随着云计算和物联网的普及，综合应用的范围和复杂性也将不断扩大，安全防护将更加多层次和智能化。

（二）防火墙与入侵检测系统的协同工作

防火墙与入侵检测系统（IDS）的协同工作是实现综合安全防护的关键。通过协同工作，防火墙和 IDS 可以充分发挥各自的优势，提供更强大和高效的安全保护。

协同工作首先需要防火墙和 IDS 之间的信息共享和联动机制。防火墙通过控制网络流量，实现对网络边界的保护，但其静态规则难以应对动态变化的攻击。IDS 通过实时监控和分析网络流量，能够识别复杂的攻击行为，但缺乏阻止攻击的能力。通过信息共享，IDS 可以将检测到的威胁信息及时传递给防火墙，防火墙根据这些信息动态调整规则，迅速阻断恶意流量。

在协同工作中，防火墙与 IDS 的联动响应是实现高效防护的关键。防火墙可以根据 IDS 的警报自动调整安全策略，比如，当 IDS 检测到某一 IP 地址的异常行为时，防火墙可以即时将该 IP 地址加入黑名单，阻止其进一步访问。这种联动响应机制能够在攻击的早期阶段采取措施，降低攻击的影响和损失。此外，防火墙与 IDS 的协同工作还需要考虑系统性能和资源利用。协同工作会增强系统的复杂性和资源消耗，因此需要通过优化设计和高效管理，确保系统在提供强大安全防护的同时能够高效运行。比如，通过分布式架构和负载均衡技术，可以将防火墙和 IDS 的工作负载合理分配，提高系统的整体性能和可靠性。

防火墙与 IDS 的协同工作还需要不断调整和优化，以应对日益变化的网络威胁。通过定期的安全评估和测试，安全管理人员可以发现和修复系统中的安全漏洞和配置问题，确保防火墙和 IDS 的协同工作能够持续提供有效的防护。此外，安全管理人员需要具备丰富的知识和经验，能够及时应对和处理各种安全事件，保障网络和系统的安全。

防火墙与 IDS 的协同工作在未来将进一步发展和完善。人工智能和机器学习技术的引入，将使协同工作更加智能和高效。通过智能分析和自动化响应，防火墙和 IDS 能够实时适应和应对新型网络攻击，提供更加精准和有效的防护。随着云计算和物联网的发展，防火墙与 IDS 的协同工作将面临新的挑战和机遇，需要不断创新和提升，以适应复杂多变的网络环境和安全需求。

我们深入了解了防火墙和入侵检测系统等技术在网络安全中的应用。通过合理部署和使用这些防护技术，企业可以显著增强网络系统的安全性，抵御多种类型的网络攻击。

第三节　主动防御与被动防御技术

主动防御与被动防御技术相结合，可以有效提升网络安全防护能力。本节将介绍主动防御技术，如实时威胁检测和自动化响应，以及被动防御技术，包括日志分析和应急响应。这些技术的结合使用，有助于构建更加全面和有效的网络防御体系。

一、主动防御技术概述

主动防御技术在网络安全中扮演至关重要的角色，通过提前识别和响应潜在威胁，主动防御技术能够有效降低攻击的影响。相比被动防御，主动防御不仅依赖防火墙和入侵检测系统（IDS）等传统手段，还包括一系列高级技术，如威胁情报、行为分析、自动化响应和欺骗技术。这些技术的整合和应用，为网络安全提供了更加全面和深入的防护。

威胁情报在主动防御中起关键作用。安全团队收集和分析各种威胁信息，可以提前识别和预警潜在攻击。这些威胁信息的来源包括公开的数据泄露报告、恶意软件样本库、网络流量分析以及来自合作伙伴和第三方安全供应商的数据。利用威胁情报，组织可以建立对当前和未来威胁的全面认识，从而采取预防性措施。及时更新和分享威胁情报，可以帮助企业更好地应对不断变化的安全威胁。

行为分析是另一种重要的主动防御技术。通过监控用户和系统的行为，行为分析可以识别出异常活动并触发警报。这些异常行为可能是潜在的攻击迹象，如账户劫持、数据泄露或内部威胁。行为分析系统能够实时适应和更新其检测模型，以应对不断变化的威胁环境。通过持续学习和改进，行为分析技术能够提高检测的准确性和有效性。

　　自动化响应技术在主动防御中发挥了重要作用。面对复杂和快速演变的攻击，手动响应往往难以满足实时防御的要求。自动化响应技术通过预定义的规则和策略，能够在检测到威胁后立即采取措施。这些措施包括隔离受感染的系统、阻断恶意流量、调整防火墙规则和通知安全团队。自动化响应不仅加快了响应速度，还减少了人为错误，提高了整体防御能力。这种快速的响应机制能够有效降低安全事件带来的损失。

　　欺骗技术是主动防御的一种创新手段，通过在网络中部署伪装的诱饵系统和虚假数据，欺骗技术可以诱导攻击者暴露其手段和工具。这些诱饵系统模拟真实环境，但不承载实际业务数据，当攻击者试图攻击这些系统时，安全团队可以实时监控和分析攻击行为，获取攻击者的信息并采取相应的防御措施。欺骗技术不仅能捕获高级攻击，还能误导攻击者，保护真正的系统和数据。这种技术的应用增大了攻击者成功的难度。此外，主动防御技术还包括漏洞管理和补丁管理。通过定期扫描和评估系统漏洞，组织可以及时发现和修复安全缺陷，减少被攻击的风险。漏洞管理包括漏洞扫描、漏洞评估、补丁管理和漏洞修复等环节。补丁管理是指定期更新和修复系统和软件中的已知漏洞，确保系统始终处于安全状态。通过及时应用补丁，组织可以有效防止已知漏洞被利用。这些措施确保了系统的持续安全性和稳定性。

　　主动防御技术的实施需要一个全面的安全策略和成熟的安全管理体系。这包括建立强大的安全文化、培训和教育员工、制定和实施安全政策和程序。安全文化的建立有助于提升全体员工的安全意识和技能，减少人为失误和内部威胁。培训和教育员工则能确保他们掌握最新的安全知识和技能，应对各种安全挑战。一个全面的安全管理体系能够保证主动防御技术的有效实施。

　　在主动防御技术的实施过程中，安全团队需要不断评估和改进其策略和技术。通过安全评估、渗透测试和团队演练，组织可以发现和修复潜在的安全漏洞和不足。

　　这些测试和演练模拟真实攻击，可以帮助组织了解自身防御能力和改进方向。定期的评估和改进有助于保持防御体系的有效性和适应性。通过这些持续的努力，组织可以确保防御体系始终处于最佳状态。

　　主动防御技术还需结合合规性和风险管理。合规性要求组织遵守相关法律法规和行业标准，确保安全措施的合法性和有效性。风险管理则通过识别、评估和控制安全风险，确保组织在风险可控范围内运营。合规性和风险管理相辅相成，共同构建全面的安全管理体系。通过合规和风险管理的结合，企业可以实现更高水平的安全保障。

二、被动防御技术概述

被动防御技术在网络安全中扮演不可或缺的角色。其主要任务是通过建立稳固的防线来抵御各种外部威胁，确保网络和系统的安全性和稳定性。被动防御技术主要包括防火墙、入侵检测系统（IDS）、防病毒软件和安全补丁管理等传统手段。

防火墙作为被动防御的基石，负责控制网络流量，按照预定义的规则允许或阻止数据包的传输。防火墙分为包过滤防火墙、状态检测防火墙和应用层防火墙。包过滤防火墙通过检查数据包头信息来决定其去向，状态检测防火墙则维护数据包的状态信息以进行过滤，而应用层防火墙深入分析应用层协议和内容。通过不同类型的防火墙，网络可以在多个层次上进行防护，有效阻止未经授权的访问和攻击。

IDS 是被动防御的重要组成部分。IDS 通过监控网络和系统活动来识别异常行为和已知攻击模式。当检测到潜在威胁时，IDS 会生成警报并记录相关日志。IDS 分为基于网络的入侵检测系统（NIDS）和基于主机的入侵检测系统（HIDS）。NIDS 部署在网络边界，监控网络流量，而 HIDS 则安装在主机或服务器上，监控系统日志和活动。NIDS 和 HIDS 结合使用，组织能够全面监控网络和系统活动，及时发现和响应安全事件。

防病毒软件是另一种常见的被动防御技术，用于检测和清除恶意软件。防病毒软件通过扫描文件和进程来识别和删除病毒、蠕虫、木马和其他恶意程序。防病毒软件依赖病毒特征库，通过比对文件特征和已知病毒特征来识别恶意软件。现代防病毒软件还集成了行为分析和机器学习技术，能够识别未知威胁和高级攻击。此外，防病毒软件通常提供实时保护功能，监控系统活动，防止恶意软件的运行和传播。

安全补丁管理是被动防御中的重要环节，通过及时更新和修复系统和应用中的漏洞来减少被攻击的风险。漏洞是攻击者利用的主要入口，及时修补漏洞可以有效阻止攻击的发生。补丁管理包括漏洞扫描、补丁下载、补丁测试和补丁部署等环节。组织应建立完善的补丁管理流程，确保所有系统和应用始终处于最新和最安全的状态。这一过程的有效管理能够显著降低系统的风险。

访问控制是被动防御中的另一个关键机制，它通过限制用户和系统的访问权限来防止未授权的访问和操作。访问控制包括身份验证、授权和审计三部分。身份验证通过密码、生物识别和多因素认证等方式确认用户身份，授权则根据用户身份分配相应的访问权限，审计则记录和监控用户操作，发现并响应异常行为。严格的访问控制能够有效保护敏感数据和关键系统，防止内部和外部的非法访问。

数据加密技术在被动防御中起着重要作用，它通过对数据进行加密处理，确保数据在传输和存储过程中的机密性和完整性。常见的加密技术包括对称加密、非对称加密和哈希算法。对称加密使用相同的密钥进行加密和解密，非对称加密则使用一对公钥和私钥进行加密和解密，哈希算法则将数据转换为固定长度的哈希值，用于验证数据的完整性。通过这些加密技术，数据在传输和存储过程中能够得到有效保护，防止泄露和篡改。

网络隔离技术通过将网络划分为多个独立的安全区域，限制攻击的传播范围。网络隔离可以通过物理隔离和逻辑隔离两种方式实现。物理隔离通过将网络设备和线路分开，确保不同网络之间没有物理连接；逻辑隔离则通过虚拟局域网和防火墙策略等技术，将网络划分为多个逻辑子网。网络隔离能够有效防止攻击在网络中的横向移动，提高整体网络的安全性。

安全审计和日志管理也是被动防御的重要组成部分，它通过记录和分析系统和网络活动来发现并响应安全事件。安全审计包括对系统配置、用户操作和安全策略等进行检查和评估，确保符合安全标准和最佳实践。日志管理则包括日志收集、存储、分析和审计，通过对日志的深入分析，识别潜在威胁和异常行为。安全审计和日志管理能够帮助组织及时发现和应对安全事件，提升整体防御能力。

被动防御技术的实施需要一个全面的安全策略和管理体系。组织应建立完善的安全政策和程序，确保所有安全措施的有效实施和持续改进。这包括制定安全策略、实施安全控制、进行安全培训和演练，以及定期进行安全评估和改进。通过全面的安全管理体系，组织可以有效实施被动防御技术，保护网络和系统的安全。

未来，被动防御技术将持续发展，结合人工智能技术，将使被动防御系统具备更强的防护功能。随着云计算和物联网的发展，被动防御技术也将不断创新，适应新的网络环境和安全需求。未来的发展将为被动防御技术提供更多的可能性和应用场景。

总体来看，被动防御技术是网络安全防护的重要组成部分，通过建立稳固的防线来检测、阻止和缓解各种外部威胁。通过不断完善和优化被动防御技术，组织可以提高整体的安全性和稳定性，保护网络和系统免受各种威胁。有效的被动防御技术将成为网络安全防护的坚实基础，为企业和组织提供持久的安全保障。

三、主动防御与被动防御的结合

（一）综合防御策略的必要性

在现代网络安全环境中，单一的防御技术已难以应对日益复杂的攻击手段。综合防御策略结合了主动防御和被动防御的优势，提供了更全面和有效的安全保障。主动防御通过提前识别和响应潜在威胁，主动出击以降低攻击影响；被动防御则通过建立稳固的防线，检测、阻止和缓解攻击，确保网络和系统的安全性和稳定性。

综合防御策略的核心在于实现主动防御与被动防御的无缝集成。通过整合威胁情报、行为分析、自动化响应、防火墙、入侵检测系统（IDS）、防病毒软件和安全补丁管理等多种技术，综合防御策略能够在攻击的不同阶段提供有效的防护。比如，威胁情报能够提前预警潜在威胁，防火墙和 IDS 则在攻击发生时提供实时监控和阻止，自动化响应技术则在检测到威胁后立即采取行动，防止攻击扩散。此外，综合防御策略还需要具备灵活性和适应性，以应对不断变化的威胁环境。通过持续监控和分析网络和系统活动，综合防御策略能够及时调整防护措施，确保在面对新型攻击时保持高效防护。自动化管理和智能分析技术的引入，使得综合防御策略能够在短时间内处理大量安全事件，提供精准和及时的响应。

（二）威胁情报与行为分析的结合

威胁情报和行为分析是主动防御的重要组成部分，两者相结合，能够显著提升威胁检测和响应的能力。威胁情报通过收集和分析来自多种来源的威胁信息，帮助安全团队提前识别和预警潜在攻击。行为分析则通过监控用户和系统行为，识别异常活动并触发警报。

在实际应用中，威胁情报和行为分析的结合能够提供更全面的安全态势感知。比如，当威胁情报系统检测到某一 IP 地址存在潜在威胁时，行为分析系统可以进一步监控该 IP 地址的活动，确认其是否存在异常行为。通过这种双重验证机制，安全团队可以更准确地识别真实威胁，降低误报率。同时，威胁情报和行为分析的结合还能够提高响应的及时性和准确性。当行为分析系统检测到异常行为时，可以立即参考威胁情报库中的相关信息，确定威胁的具体性质和严重程度，从而采取相应的防护措施。这种结合能够确保安全团队在最短时间内获得全面的威胁信息，做出快速且准确的响应决策。

威胁情报和行为分析的结合也可以改进防护策略，通过分析历史数据和攻击模式，安全团队能够优化和调整现有的防护措施。比如，基于威胁情报的趋势分析可以预测未来可能的攻击手段，提前制定应对策略。而行为分析则提供了实际操作中的反馈，帮助识别防护策略中的漏洞和不足。

（三）自动化响应与实时监控的集成

自动化响应技术在综合防御策略中起至关重要的作用。通过预定义的规则和策略，自动化响应系统能够在检测到威胁后立即采取措施。这些措施包括隔离受感染的系统、阻断恶意流量、调整防火墙规则和通知安全团队。

实时监控是被动防御的重要组成部分，通过持续监控网络和系统活动，实时监控系统能够识别并记录所有的异常行为和潜在威胁。将自动化响应与实时监控集成，能够实现更加高效和快速的防护。比如，当实时监控系统检测到异常流量时，可以立即触发自动化响应机制，阻止攻击的进一步扩散。这种集成不仅提高了响应速度，还减少了人为错误，确保防护措施的及时和准确。此外，自动化响应与实时监控的结合能够提高全面的安全事件可追溯性，通过记录和分析安全事件的全过程，安全团队可以深入了解攻击的路径和方法，从而改进和优化防护策略。

自动化响应与实时监控的结合还需要考虑系统的灵活性和扩展性。通过采用模块化设计和可扩展架构，系统能够根据不同的需求和环境进行调整和升级，确保在面对不同的安全挑战时始终保持高效运行。先进的分析技术和机器学习可以进一步提升系统的智能化水平，提高整体防护能力。

（四）综合防御策略的实施与优化

实施综合防御策略需要全面的安全管理体系和成熟的安全策略。这包括制定安全策略、实施安全控制、进行安全培训和演练，以及定期进行安全评估和改进。组织通过建立强大的安全文化，培训和教育员工，确保所有安全措施的有效实施和持续改进。

综合防御策略还需结合合规性和风险管理。合规性要求组织遵守相关法律法规和行业标准，确保安全措施的合法性和有效性。风险管理通过识别、评估和控制安全风险，确保组织在风险可控范围内运营。合规性和风险管理相辅相成，共同构建全面的安全管理体系。

实施综合防御策略还需要不断的技术创新和实践积累。通过与外部安全专家和组织的合作，安全团队可以获取最新的安全知识和技术，及时更新和优化防护措施。同时，综合防御策略的成功实施离不开管理层的支持和投入，需要在资源配置、技术引进和人员培训等方面提供必要的保障。

通过对主动防御和被动防御技术的分析，我们认识到了二者结合的重要性。主动防御可以预防潜在威胁，而被动防御则在攻击发生后快速响应。两者的有效结合，将显著提升网络防护的整体能力。

在本章的研究中我们发现，理解和应对各种网络攻击手段是保障网络安全的关键。攻击工具与平台的分析，使我们能够识别和防范攻击者的手段，提升系统防御能力。实际攻击案例的分析，为设计有效防御措施提供了实践参考。通过不断探索和优化防御技术，组织能够更好地应对复杂多变的网络攻击。加强对新型攻击手段的研究和防御技术的开发，将有助于构建更加安全的网络环境。通过持续改进和创新，网络安全的整体防护能力将得到显著提升。

第四章　无线网络安全

在当今社会，无线网络的普及带来了便利，但其开放性和易受攻击性也带来了安全问题。无线网络的安全威胁主要来自无线信号的开放传播、无线设备的多样性和移动性等。研究无线网络的安全威胁与防御技术，是确保无线网络环境中数据传输安全的关键。无线网络自诞生以来，经历了从早期的简单无线通信到如今的高速无线互联网的发展。无线网络的特点包括便捷性、灵活性和高效性，但这些特点使得无线网络在安全方面面临独特挑战。无线信号的截获和窃听、无线网络设备的欺骗攻击和中间人攻击等，均是无线网络的主要安全威胁。而无线信号的开放传播，使攻击者可以轻易截获信号并进行分析和攻击；无线设备的多样性和移动性，使得设备认证和管理变得复杂，增加了受攻击的风险。因此，理解这些安全威胁的来源和工作原理，设计有效的防御措施至关重要。

第一节　无线网络概述

无线网络的发展带来了便利，但其安全问题日益突出。本节将概述无线网络的基本特点和发展历程，分析其在安全方面面临的独特挑战。这些挑战包括无线信号的开放性和易受攻击性，以及设备的多样性和移动性。

一、无线网络的发展历史

（一）无线通信的早期发展

无线通信的起源可以追溯到 19 世纪末期，当时意大利物理学家马可尼（Guglielmo Marconi）成功进行了第一场无线电波传输实验。1895 年，马可尼实现了跨越长距离的无线电报传输，这一突破奠定了无线通信技术的基础。随着无线电技术的逐步发展，20 世纪初，无线电报和无线电话开始在军事和商业领域得到应用。第二次世界大战期间，无线通信技术得到了显著提升，广泛应用于军事通信系统，促进了技术的快速进步。

在战后的几十年中，随着技术的进步和应用的推广，无线通信逐步从军事领域转向民用。20世纪50年代，电视和广播无线电技术的普及，使得无线通信进入了寻常百姓家。与此同时，无线电频谱管理和分配成为政府关注的重点，各国开始制定相关法规和政策，以规范和促进无线通信的发展。早期的无线通信技术主要以模拟信号为基础，为后来的数字通信技术奠定了坚实的基础。

（二）移动通信技术的兴起

移动通信技术的兴起始于20世纪中期。1973年，摩托罗拉工程师马丁·库帕（Martin Cooper）成功进行了世界上第一次移动电话通话，这标志着移动通信时代的到来。20世纪80年代初，第一代移动通信系统（1G）被引入，实现了模拟信号的无线语音传输，尽管1G技术存在通话质量差和系统容量有限等问题，但它为移动通信的普及开了先河。

20世纪90年代，第二代移动通信系统（2G）问世，采用了数字通信技术，大大提高了通话质量和系统容量。2G技术不仅支持语音通信，还引入了短消息服务（SMS），开启了移动数据通信的新时代。随后，第三代移动通信系统（3G）在21世纪初推出，支持高速数据传输和多媒体服务，进一步推动了移动互联网的发展。3G技术的普及，使得移动设备不仅是通信工具，还成为人们获取信息和娱乐的重要平台。

第四代移动通信系统（4G）的引入，标志着移动通信技术的又一次飞跃。4G技术实现了更高的传输速率和更低的延迟，支持高清视频、实时游戏等高带宽应用。4G LTE技术的推广，极大地提升了移动互联网的用户体验，推动了智能手机的普及和移动应用的爆发式增长。4G的成功应用，为5G技术的发展打下了坚实的基础。

（三）无线局域网技术的发展

无线局域网（WLAN）技术的发展始于20世纪80年代，当时计算机和通信技术的进一步融合催生了这一概念。1985年，美国联邦通信委员会（FCC）开放了部分无线频谱用于无许可用途，为无线局域网的发展提供了法律和技术保障。20世纪90年代初，电气与电子工程师协会（IEEE）成立，开始制定无线局域网的标准。

1997年，IEEE发布了第一个无线局域网标准IEEE 802.11，这标志着现代无线网络的正式诞生。该标准定义了2.4GHz频段的无线通信技术，支持最高2 Mbps的传输速率。尽管这一速率在今天看来相对较低，但在当时已经是一项重要的技术突破。随着无线技术的快速发展，IEEE 802.11标准不断演进。

1999年，IEEE 802.11b标准发布，支持最高11 Mbps的传输速率，并广泛应用于家庭和企业网络。几乎同时，IEEE 802.11a标准也被引入，使用5GHz频段，支持更高的传输速率。2003 年，IEEE 802.11g 标准发布，结合了 802.11a 和 802.11b 的优点，支持最高 54 Mbps 的传输速率，且具有较好的兼容性。这一标准在全球范围内迅速普及，成为无线网络的主流技术。

（四）新一代无线网络技术的演进

进入 21 世纪，移动互联网和智能设备的普及对无线网络提出了更高的要求。2013 年，IEEE 802.11ac 标准发布，支持千兆比特级别的传输速率，进一步提升了无线网络的容量和性能。2019 年，IEEE 802.11ax 标准（也称为 Wi-Fi 6）发布，旨在提高网络效率和连接质量，特别是在高密度环境下。同时，移动通信技术也经历了多次迭代，推动了无线网络的发展。从 20 世纪 80 年代的 1G 模拟通信，到 20 世纪 90 年代的 2G 数字通信，再到 21 世纪初的 3G 和 4G 技术，每一次迭代都大幅提升了通信速度和服务质量。特别是 4G LTE 技术的引入，实现了高速数据传输，推动了移动互联网的快速发展。随着 5G 技术的逐步商用，无线网络进入了一个新的时代。5G 技术不仅支持更高的传输速率和更低的延迟，还引入了新的网络架构和通信模式，支持海量设备的连接和智能应用的广泛部署。5G 技术的应用范围从智能手机扩展到物联网、自动驾驶、智能城市等多个领域，进一步推动了无线网络的发展和应用。

（五）未来展望与新技术发展

随着技术的日益进步和应用场景的不断拓展，无线网络将继续演进和发展。新一代无线通信技术，如 6G 和毫米波通信，将进一步提升无线网络的性能和能力，支持更加丰富和多样化的应用。与此同时，网络安全和隐私保护也将成为无线网络发展的重要课题，需要在技术和政策层面不断加强。

在无线网络的发展历史中，标准化工作发挥了重要作用。IEEE 802.11、3GPP 和 ITU 等国际标准化组织通过制定统一的技术标准，促进了无线网络的互操作性和全球化发展。标准化工作不仅推动了技术进步，还降低了设备成本，促进了市场的普及和应用。另外，政府政策和监管也对无线网络的发展产生了深远影响。各国政府通过频谱分配、法规制定和市场监管，促进了无线网络的健康发展。比如，美国 FCC 和欧洲 ETSI 在无线频谱开放和标准制定方面的政策，为无线网络的发展提供了重要支持。

技术创新是推动无线网络发展的核心动力。从早期的无线电波传输，到现代的多输入多输出、正交频分复用和软件定义网络技术，每一次技术创新都显著提升了无线网络的性能和能力。这些技术不仅提高了传输速率和网络容量，还改善了网络的覆盖范围和稳定性。

无线网络的发展还得益于产业生态系统的协同创新。芯片制造商、设备供应商、运营商和应用开发者通过紧密合作，共同推动了无线网络技术的成熟和应用。特别是在智能手机和移动互联网时代，苹果、三星、高通、华为等企业的创新和竞争，极大地推动了无线网络的发展和普及。

无线网络的发展历程显示出其技术进步和应用扩展的紧密关联。从早期的无线电通信到现代的移动互联网和智能应用，无线网络技术不断突破瓶颈，满足了社会和经济发展的需求。随着新技术的引入和应用场景的拓展，无线网络将继续演进，为人类社会带来更多便利和创新。

二、无线网络的特点与优势

（一）灵活性和便捷性

无线网络的灵活性和便捷性是其最显著的特点之一。与有线网络不同，无线网络不需要通过物理线路连接设备，而是通过无线电波传输数据。这种无缝连接的特性使得用户可以在无线信号覆盖范围内自由移动，无须担心网络中断或重新连接。尤其在需要频繁移动的办公环境和公共场所，无线网络提供了极大的便利。用户可以在会议室、办公室、甚至户外都能保持稳定的网络连接。

这种灵活性不仅提高了工作效率，还为用户提供了更高的自由度。在教育领域，教师和学生可以在教室、实验室和宿舍之间自由切换，利用无线网络访问学习资源和进行互动学习。在医疗领域，医生和护士可以在医院的各个角落使用移动设备访问病人信息和医疗记录，提高医疗服务效率和质量。此外，无线网络还极大地促进了智能家居和物联网设备的普及，使得各种智能设备可以随时随地接入网络，提供便捷的控制和管理功能。

（二）安装和维护成本低

无线网络相对于有线网络具有更低的安装和维护成本。建设有线网络需要铺设大量的电缆，安装复杂的连接设备，并且在进行网络拓展时需要重新布线，这不仅费时费力，还需要较高的成本。而无线网络则无须这些烦琐的布线工作，只需安装无线接入点即可覆盖较大范围的网络需求。这大大降低了初始安装成本和时间，尤其在大型建筑和开放空间中，优势尤为明显。

在维护方面，无线网络同样具有成本优势。传统有线网络的故障排除和维修需要检查和更换物理线路，这往往需要较长的时间和较高的费用。无线网络主要依赖软件和配置管理，很多问题可以通过远程诊断和调整来解决。此外，随着无线技术的不断进步，无线设备的稳定性和可靠性也得到了显著提升，进一步降低了维护成本和频率。对于企业和公共机构而言，无线网络的低维护成本意味着可以将更多资源投入核心业务和创新发展中。

（三）扩展性和可扩展性

无线网络具有良好的扩展性和可扩展性，这使其能够适应不同规模和需求的网络环境。在有线网络中，每次扩展都需要增加新的线路和连接点，这在大型企业和公共场所往往会带来较大的麻烦。而无线网络只需增加新的无线接入点，即可轻松扩展网络覆盖范围和容量，满足更多用户和设备的连接需求。这种扩展性在应对突发性需求增加时尤为重要。比如，在大型会议和活动中，临时增加的网络需求可以通过快速部署额外的无线接入点来满足，无须进行复杂的有线网络改造。同样，在零售、仓储和制造业等需要灵活布局的环境中，无线网络的可扩展性使得企业能够快速响应业务变化，优化运营效率。

随着物联网的发展，越来越多的设备需要接入网络，无线网络的可扩展性显得尤为重要。智能家居、智慧城市和工业物联网等应用场景中，无线网络能够支持海量设备的接入和通信，提供稳定可靠的网络连接。这种无缝扩展能力不仅提高了网络的灵活性和适应性，也为未来的技术创新和应用扩展提供了坚实的基础。

（四）高移动性支持

无线网络的高移动性支持是其相较于有线网络的另一个重要优势。用户可以在无线网络覆盖范围内自由移动而不受物理连接的限制。这给现代办公和生活环境中带来了极大的便利。员工可以在公司内部的任何地方工作，从会议室到休息区，再到户外露台，始终保持连接，极大地提高了工作效率和灵活性。

在教育领域，学生和教师可以在校园内的不同地点自由移动，通过无线网络访问学习资源和进行互动教学。图书馆、自习室、实验室等不同环境中的无缝连接，使得学习和研究活动更加高效和便捷。在医疗领域，无线网络支持医生和护士在医院的各个角落实时访问病人信息和医疗记录，进行远程会诊和紧急响应，提高医疗服务质量和效率。无线网络的高移动性还促进了物联网设备的发展。智能家居、可穿戴设备、智能交通系统等都依赖无线网络的支持，实现设备之间的实时通信和数据传输。这种高移动性支持不仅提高了用户的体验和满意度，也为创新应用和服务的开发提供了广阔的空间。

（五）环境适应能力强

无线网络具有较强的环境适应能力，能够在各种复杂和多变的环境中提供稳定的网络连接。无论是在密集的城市环境还是在偏远的乡村地区，无线网络都能通过调整频段和功率，优化网络覆盖和连接质量。在建筑物内部，无线网络可以穿透墙壁和障碍物，提供广泛的覆盖范围，满足不同空间的网络需求。这种环境适应能力使得无线网络在很多特殊场景中得以广泛应用。比如，在地震、洪水等自然灾害发生后，临时搭建的无线网络可以迅速恢复通信，支持救援和应急响应工作。在大型赛事和演出活动中，无线网络能够应对高密度人群的网络需求，确保观众和工作人员的通信畅通。另外，无线网络还能够适应各种气候条件和环境变化。现代无线设备设计中，考虑了防水、防尘和抗干扰等特性，使得无线网络能够在户外和恶劣环境中稳定运行。这种强大的环境适应能力，使得无线网络成为现代通信基础设施中不可或缺的组成部分。

总之，无线网络以其灵活性、低成本、高扩展性、高移动性和环境适应能力，成为现代信息社会的关键技术。这些特点和优势不仅推动了无线网络在各个领域的广泛应用，也为未来技术的发展和创新提供了坚实的基础。

三、无线网络的应用场景

（一）家庭网络

在家庭环境中，无线网络具有极大的便利性和灵活性。通过无线网络，家中的每个成员都可以随时随地连接互联网，无须被物理线路束缚。这种无缝连接的特性使得家庭成员能够在家中的任何角落进行在线学习、娱乐、工作和社交活动。智能家居设备，如智能音箱、灯泡、门锁和温控器等，依赖无线网络实现远程控制和管理，大大提高了生活的便利性和安全性。

现代家庭中，流媒体服务如 Netflix、YouTube 和 Spotify 等需要高速稳定的无线网络支持，才能提供高清的视频和音频内容。用户可以在客厅、卧室甚至厨房，通过各种设备享受优质的多媒体娱乐体验。无线网络的灵活性不仅提升了家庭成员的生活质量，还让他们能够更加自由地选择和使用各种数字服务，满足不同的娱乐和工作需求。此外，无线网络还促进了家庭办公和学习的普及。在当前的环境下，越来越多的人选择在家中办公和学习，通过无线网络，他们可以轻松访问公司和学校的资源，进行视频会议和学习在线课程。无论是在书房、客厅还是阳台，无线网络的覆盖和稳定性都能保证工作和学习的顺利进行，提供了高效且舒适的居家办公学习环境。

（二）企业办公网络

在企业办公环境中，无线网络大幅提升了工作效率和灵活性。员工可以随时随地访问公司网络，处理文件、邮件和各种业务应用。无论是在办公桌前、会议室里，还是在休息区，员工都能通过无线网络保持高效的工作状态，进行无缝的协作和沟通。无线网络的应用使企业能够灵活布局办公空间，提高了空间利用率和员工的工作体验。

企业无线网络还支持自带设备办公模式，员工可以使用个人设备，如智能手机、平板电脑和笔记本电脑进行工作。通过无线网络,员工能够方便地接入企业资源,进行日常办公和业务处理。这不仅提高了员工的工作灵活性,还减少了企业的设备投入和维护成本,优化了企业资源配置。

视频会议和远程协作也是企业无线网络的重要应用。通过高质量的无线网络连接,员工可以进行高清的视频会议和实时的远程协作,打破了地域限制,提高了团队的合作效率。云计算和协同办公平台,通过无线网络实现数据的存储、共享和实时编辑,为企业提供了强大的协作和管理工具。

(三)教育网络

教育领域中,无线网络推动了教学方式的革新和教育资源的共享。在学校和大学校园内,学生和教师通过无线网络可以轻松访问各种教学资源和在线学习平台。教室、图书馆、实验室和宿舍等不同场所都实现了无线网络覆盖,支持多样化的教学和学习活动,打破了传统课堂的时间和空间限制。

在线教育和远程教学依赖无线网络的支持。学生可以通过无线网络参加在线课程、访问电子教材和学习资源,进行在线讨论和协作项目。教师则可以通过网络平台发布教学材料、进行线上辅导和评估,提供个性化的教学服务。无线网络的应用使得教育更加灵活和高效,为学生和教师提供了便利和支持。

无线网络还支持虚拟现实和增强现实技术在教育中的应用。这些技术通过无线网络实现实时的数据传输和互动,为学生提供沉浸式的学习体验。比如,虚拟实验室和历史场景再现等应用,让学生能够以全新的方式进行学习和探索,提升了学习的趣味性和效果。

(四)医疗网络

在医疗领域,无线网络显著提高了医疗服务质量和效率。医生和护士可以通过无线网络实时访问病人信息和医疗记录,进行诊断和治疗。无论是在病房、急诊室还是手术室,医疗人员都能通过无线网络获取最新的病人数据和医疗资源,提供及时和准确的医疗服务。

远程医疗和移动医疗依赖无线网络的支持。通过无线网络,医生可以进行远程会诊和病情监控,为偏远地区的病人提供专业的医疗建议和治疗方案。移动医疗设备如便携式监护仪和无线心电图,通过无线网络实现数据的实时传输和分析,提高了医疗服务的覆盖范围和质量。

无线网络在医疗设备管理和维护中发挥重要作用。医院可以通过无线网络实时监控医疗设备的运行状态,进行远程诊断和维护,减少设备故障和停机的风险。无线网络还支持医疗物联网的发展,实现设备之间的互联互通,提高整体的医疗服务水平和效率。

（五）零售网络

无线网络极大地提升了零售行业的购物体验和运营效率。零售商通过无线网络提供自助购物和移动支付服务，减少了顾客的排队时间，提高了满意度。店内的无线网络覆盖，使得顾客可以随时访问商品信息、进行比价和在线下单，享受便捷的购物体验。

精准营销和客户管理也依赖无线网络的支持。通过无线网络连接的智能设备，如电子价签和智能货架，零售商可以实时获取顾客行为数据，进行精准的营销推送和促销活动。这些数据分析和应用，有助于提高销售转化率和客户忠诚度，优化店铺的运营策略和布局。

仓储和物流管理同样受益于无线网络的应用。仓库中的无线网络覆盖，使得工作人员可以通过移动设备实时更新库存信息、进行订单处理和货物追踪，提高工作效率和准确性。在物流过程中，车辆和货物通过无线网络实现定位和监控，确保运输的安全和及时。

（六）智能交通网络

智能交通系统依赖无线网络，实现交通信息的实时传输和管理，提高交通效率和安全性。交通管理部门通过无线网络监控道路状况、信号灯控制和交通流量，进行智能调度和应急响应。无线网络连接的摄像头和传感器提供了详细的交通数据，为交通管理和规划提供科学依据。

车辆之间的通信和车辆与基础设施之间的通信，也是智能交通网络的重要组成部分。通过无线网络，车辆可以交换位置信息和行驶路线，避免碰撞和交通拥堵。与交通基础设施的通信，使得车辆能够获取信号灯状态和道路施工信息，优化行驶路线和时间。这些应用不仅提高了交通的安全性和效率，还为自动驾驶技术的发展奠定了坚实的基础。

智能交通应用如电子收费和停车管理也依赖无线网络。电子收费系统通过无线网络实现车辆的自动识别和收费，减少了人工操作和等待时间。停车管理系统通过无线网络监控停车位的使用情况，提供实时的停车导航和预约服务，提高了停车效率。

（七）工业物联网网络

工业物联网依赖无线网络，实现设备和系统之间的互联互通，提升工业生产效率和智能化水平。在制造业中，无线网络连接的传感器和机器设备提供实时的数据采集和监控，实现生产过程的自动化和智能化。通过无线网络，工厂可以进行远程设备管理、故障诊断和维护，提高生产效率和设备利用率。

无线网络支持工业机器人和自动化系统的应用。工业机器人通过无线网络接收控制指令和反馈数据，实现高精度的操作和协作。自动化系统通过无线网络实现设备之间的协调和联动，优化生产流程和资源配置。无线网络的高可靠性和低延迟确保了工业生产的连续性和稳定性。

供应链管理和物流优化也得益于无线网络的应用。企业通过无线网络实时跟踪原材料和成品的流动，进行库存管理和订单处理。在物流过程中，车辆和货物通过无线网络实现定位和监控，确保运输的安全和及时。无线网络为工业物联网的发展提供了强大的技术支持，推动了制造业的数字化转型和智能化升级。无线网络的概述帮助我们理解了其特有的安全问题。了解无线网络的基本特点和发展历程，可以为后续的安全防护技术研究提供重要背景支持。

第二节　无线网络安全威胁

无线网络安全威胁多种多样，包括信号截获、欺骗攻击和中间人攻击等。本节将详细分析这些威胁的来源和工作原理，帮助读者识别和理解无线网络面临的主要安全风险。

一、无线网络攻击方式

（一）拒绝服务攻击

拒绝服务攻击（DoS）和分布式拒绝服务攻击（DDoS）在无线网络中非常普遍。DoS 攻击通过发送大量无用数据包，使目标系统资源耗尽，从而无法正常服务用户。DDoS 攻击通过多个来源同时发起，更具破坏性。无线网络的开放性和广泛的接入点使其容易成为这些攻击的目标，尤其是当攻击者使用僵尸网络时，攻击强度和复杂性会进一步增大。

在无线网络环境下，DoS 和 DDoS 攻击利用无线信道的有限带宽，通过发送大量干扰信号，阻断正常通信。这种攻击不仅会导致网络不可用，还可能引发设备过热或损坏。为了有效防范此类攻击，网络管理员需要采用多层次的防御措施，包括部署防火墙和入侵检测系统监控并过滤异常流量，合理配置网络拓扑以分散攻击流量，并利用云计算和内容分发网络技术提升系统抗攻击能力。

（二）中间人攻击

中间人攻击（MitM）通过拦截和篡改通信双方的消息，威胁无线网络的安全。攻击者通常通过伪造接入点或利用未加密的无线信道，插入合法用户与接入点之间，从而获取和修改通信内容。在无线网络中，信号容易被拦截，因此，MitM 攻击在无线环境中较为常见。

实现中间人攻击的方式多种多样，包括伪造接入点和信号中继。攻击者可以创建一个伪造的 AP，吸引用户连接，截获并篡改数据。为了防范中间人攻击，用户应使用强加密协议，如 WPA3，确保无线信道的安全性。此外，部署基于证书的认证机制，定期监控网络环境，识别并排除伪造 AP 和中继攻击设备，也能有效提升防御能力。

（三）钓鱼攻击

钓鱼攻击（Phishing）利用伪装成合法实体的手段，诱导用户泄露敏感信息。无线网络中的钓鱼攻击通常通过伪造 Wi-Fi 热点或假冒登录页面实施。攻击者设置伪造的热点，诱使用户连接，并在用户尝试登录时窃取其凭证信息。由于无线网络的开放性，用户难以辨别热点的真实性，因此钓鱼攻击在无线环境中较为常见。

攻击者经常通过模仿合法热点名称，增强用户的信任度。当用户连接伪造热点并输入敏感信息时，这些信息会被攻击者获取。为了防范钓鱼攻击，用户应提高警惕，避免连接不明来源的无线网络。网络管理员应部署防钓鱼软件和安全网关，过滤恶意热点和伪造页面，并加强员工的安全意识培训。此外，双因素认证等安全措施也能有效减少钓鱼攻击的风险。

（四）旁路攻击

旁路攻击（Side-Channel Attacks）通过分析设备泄露的侧信道信息，如电磁辐射、功耗、声音等，推测设备内部处理的数据。无线网络中的设备由于频繁传输无线信号，容易成为旁路攻击的目标。攻击者利用无线设备发射的电磁波，捕捉并分析信号中的隐含信息，从而推断出设备的加密密钥或其他敏感数据。

实施旁路攻击需要高精度的测量设备和复杂的信号处理技术。攻击者通常在目标设备附近安放接收装置，捕捉设备发出的电磁波或其他侧信道信号，并通过分析这些信号识别出加密算法的特征，从而推测加密密钥或解密数据。为了防范旁路攻击，设备制造商应在设计和制造过程中采取防护措施，如屏蔽电磁辐射，减少侧信道信号的泄露。网络管理员还应定期进行安全评估，检测并消除设备可能存在的旁路攻击风险。

（五）信号干扰攻击

信号干扰攻击（Signal Jamming Attacks）通过向无线通信信道发送干扰信号，阻碍正常通信。无线网络环境下，攻击者利用无线信号的开放性，发送强干扰信号覆盖目标信道，使得合法设备无法正常通信。这类攻击会导致网络瘫痪，影响用户的正常使用。

信号干扰攻击有多种方式，攻击者可以根据目标设备的工作频率和通信协议，选择合适的干扰信号类型和频率。比如，攻击者可以使用宽带干扰信号覆盖整个通信频段，或者使用窄带干扰信号针对特定通信信道进行干扰。为了防范此类攻击，网络管理员应部署频谱监测和干扰检测设备，实时监控无线信道使用情况，识别并定位干扰源。同时，采用跳频技术，通过快速切换工作频率，避免信道被持续干扰，确保无线网络的可靠性和安全性。

（六）恶意软件攻击

恶意软件攻击（Malware Attacks）在无线网络中通过在设备中植入恶意程序，窃取数据、控制设备或破坏系统。无线网络中的设备，如路由器、接入点和用户终端，因其开放性和多样性，容易成为恶意软件的攻击目标。攻击者采用社会工程学、漏洞利用和钓鱼邮件等手段，诱使用户下载和安装恶意软件，从而获得对设备的控制权。

一旦恶意软件感染设备，攻击者可以利用该设备进行各种恶意活动，如窃取用户的敏感信息，或发起进一步的攻击，如 DDoS 攻击和网络监听。为了防范恶意软件攻击，用户应避免下载和安装来源不明的软件和应用。网络管理员应部署防病毒软件和入侵检测系统，及时检测和清除恶意软件，定期更新设备的固件和软件，修补已知漏洞，以减少恶意软件攻击的风险。

（七）设备欺骗攻击

设备欺骗攻击（Device Spoofing Attacks）通过伪造合法设备的身份，冒充合法设备进行通信。在无线网络中，攻击者可以伪造接入点、用户终端或其他网络设备，进行数据窃取、流量劫持或中间人攻击。无线网络的开放性和信号易受干扰性，使得设备欺骗攻击在无线环境中成功实施。

攻击者通常通过捕获合法设备的身份信息，如 MAC 地址、IP 地址和 SSID，然后伪造这些信息进行攻击。为了防范设备欺骗攻击，网络管理员应部署基于证书的认证机制，确保接入点和用户设备的合法性；可以使用设备指纹技术，通过检测设备的硬件特征和行为模式，识别和排除伪造设备。此外，网络管理员应定期监控网络环境，识别并排除可能的欺骗攻击，保障无线网络的安全性和可靠性。

（八）信号劫持攻击

信号劫持攻击（Signal Hijacking Attacks）利用无线信号的开放性，通过截获并重新传输合法信号，实现对通信的控制和窃听。这类攻击通常涉及劫持合法设备的信号并伪造其内容，以达到窃取数据或篡改信息的目的。在无线网络环境中，信号劫持攻击常用于获取用户的敏感信息，如登录凭证、银行账户信息等。

攻击者在实施信号劫持时，通常会在用户与接入点之间插入一个设备，通过伪造的信号进行通信。这种方式不仅可以窃听用户的通信内容，还能进行数据篡改，甚至控制用户设备的操作。防范信号劫持攻击需要采用强加密技术，确保通信信道的安全性。同时，网络管理员应定期监测无线环境，识别和阻止异常信号，保障通信的完整性和保密性。

（九）无线网络监听

无线网络监听（Wireless Eavesdropping）通过捕获和分析无线信号，窃取通信内容和敏感数据。这种攻击利用无线信号在空气中传播的特性，通过专用设备拦截信号，进行数据解析。无线网络的开放性和信号的广播特性，使其特别容易受到监听攻击。

在实施无线网络监听时，攻击者通常使用高灵敏度的无线接收设备，捕捉目标网络的信号。通过解码和分析，这些信号中的数据可以被还原为原始的通信内容，如电子邮件、聊天记录、文件传输等。为了防范监听攻击，网络管理员必须使用强加密的通信协议，如 WPA3，确保数据在传输过程中的保密性。网络管理员还应定期检查和更新无线设备的安全设置，确保无线网络的安全性和隐私性。

（十）假冒接入点攻击

假冒接入点攻击（Rogue Access Point Attacks）通过设置伪造的接入点，诱导用户连接并窃取其数据。在无线网络中，攻击者设置一个与合法网络名称相同或相似的伪造接入点，诱使用户连接到该伪造网络。用户连接后，攻击者可以拦截并篡改通信内容，获取敏感信息。

实施假冒接入点攻击时，攻击者通常选择在人流密集或无线网络需求高的区域设置伪造接入点，以增加攻击的成功率。用户在连接到伪造网络后，其所有的通信数据都会经过攻击者的设备，从而暴露在攻击者面前。防范假冒接入点攻击需要加强用户教育，增强用户的安全意识，避免连接不明来源的无线网络。网络管理员应部署无线入侵检测系统，实时监控并识别网络环境中的伪造接入点，及时采取措施进行隔离和阻止。

二、无线网络安全漏洞

（一）加密协议漏洞

无线网络安全的一个主要威胁来源于加密协议的漏洞。尽管现代无线网络通常采用加密协议来保护数据传输，但这些协议并非完全无懈可击。WPA2 曾被认为是安全标准，但 2017 年发现的 KRACK（Key Reinstallation Attack）漏洞，使攻击者能够解密无线通信内容，导致敏感信息泄露。

攻击者可以利用加密协议的漏洞，在网络中进行中间人攻击，拦截和篡改数据包。网络管理员需要及时更新网络设备的固件，并采用更安全的加密协议，如WPA3，以提高无线网络的整体安全性。WPA3 增加了针对离线字典攻击和其他类型攻击的防护。此外，网络管理员定期进行安全审计和漏洞扫描是检测和防范加密协议漏洞的重要手段。

（二）软件和固件漏洞

无线网络设备的操作系统和固件中可能存在未修补的漏洞，攻击者可以通过这些漏洞进行未授权的访问或控制设备。路由器、接入点和用户终端设备的漏洞，都会成为攻击者的目标。这些漏洞可能是设备制造商的软件设计缺陷，或者是由于设备在使用过程中未及时更新和修补。

攻击者通常会扫描目标网络中的设备，寻找易受攻击的版本或配置。一旦发现漏洞，攻击者可以远程执行恶意代码，窃取数据，甚至控制整个网络。网络管理员及时更新设备的固件和软件，确保所有设备都运行最新的安全补丁，是防范这种威胁的关键。同时，启用自动更新功能也能帮助设备第一时间获得安全更新。

（三）默认配置和弱密码

许多无线网络设备在出厂时使用默认配置和弱密码，这给攻击者提供了利用的机会。通过字典攻击或暴力破解，攻击者可以轻松获取默认密码，进而访问和控制无线网络设备。家庭网络和小型企业网络中，用户往往忽视更改默认设置和强化密码的重要性。确保所有设备在首次使用时进行必要的安全配置，包括更改默认用户名和密码。启用强密码策略，以及禁用不必要的服务和功能，是防范这类漏洞的有效措施。强密码应包含大小写字母、数字和特殊字符，并定期更换。此外，基本的网络安全培训也能让用户了解如何保护无线网络免受未经授权的访问。

（四）无线信号覆盖和干扰

无线信号的覆盖范围和干扰问题是无线网络安全的一个重要方面。在传输过程中，无线信号可能受到物理障碍、其他电子设备的干扰以及环境因素的影响。这些问题不仅影响网络的性能，还会导致安全隐患。攻击者可以利用这些干扰制造信号阻塞，导致网络中断或信息丢失。优化无线信号覆盖并减少干扰需要合理布置接入点，确保信号的均匀覆盖。使用双频段路由器（2.4GHz 和 5GHz）可以有效分散网络流量，减少干扰。定期进行信号强度和干扰测试，有助于识别和解决潜在的问题。合理的信道规划和频率管理也是确保无线网络稳定性和安全性的重要措施。

（五）未加密的公共 Wi-Fi

公共 Wi-Fi 热点通常未加密，成为攻击者的绝佳目标。在未加密的网络上，攻击者可以轻松拦截传输的数据包，窃取用户的登录凭证、银行信息和其他敏感数据。公共 Wi-Fi 的开放性往往被用户忽视，其潜在的安全威胁非常大。使用公共 Wi-Fi 时，应尽量避免传输敏感信息，如登录银行账户或进行在线支付。连接到合法热点并使用虚拟专用网络进行加密通信，可以提高安全性。网络管理员应加强公共 Wi-Fi 的安全管理，启用加密协议和用户认证机制，为用户提供更安全的无线连接环境。

（六）物理访问控制不当

物理访问控制不当也会导致无线网络安全问题。攻击者通过物理访问无线网络设备，可以进行硬件篡改或重置设备配置。比如，攻击者通过接入网络设备的控制台端口，直接访问设备的管理界面，进行未授权的配置更改或安装恶意软件。网络管理员应确保所有无线网络设备的物理安全，包括将设备安装在受保护的环境中，限制物理访问权限。使用安全机柜、锁定机房和设置监控系统，能够防止未经授权的物理访问。定期检查设备的物理状态，确保没有被篡改或损坏，是维护网络安全的重要措施。

（七）社会工程学攻击

社会工程学攻击通过心理操纵和欺骗手段，诱导用户泄露敏感信息或进行不安全操作。在无线网络中，攻击者可能冒充合法网络管理员或服务提供商，通过电话、电子邮件或其他手段，获取用户的密码或其他敏感信息。这类攻击依赖人类的信任和疏忽，往往难以通过技术手段完全防范。增强用户的安全意识，进行定期的安全培训，使用户了解常见的欺骗手段和防范措施，可以有效降低社会工程学攻击的成功率。建立严格的安全政策，规范信息发布和沟通渠道，避免用户被欺骗。双因素认证等额外的安全措施，也能有效减少因社会工程学攻击导致的信息泄露风险。

（八）零日漏洞

零日漏洞是指在厂商尚未发布修复补丁前，已经被攻击者利用的安全漏洞。由于没有现成的修复方案，零日漏洞对无线网络构成重大威胁。攻击者利用零日漏洞可以绕过现有的安全防护措施，进行未授权的访问或控制无线网络设备。

网络管理员需要及时关注安全通告和更新信息，采取临时防护措施，如调整防火墙规则或限制某些功能的使用，以应对零日漏洞。启用入侵检测和防御系统，可以及时发现和阻止异常活动。加强网络隔离和分区管理，减小零日漏洞可能造成的影响范围，是提高网络安全性的有效方法。

（九）设备固件后门

设备固件后门是指设备制造商或攻击者在设备固件中预留的未公开访问途径，允许未授权的访问和控制。这些后门可能被恶意利用，进行数据窃取、设备控制或系统破坏。在无线网络中，固件后门对设备安全构成严重威胁。选择可信赖的设备供应商，确保所采购的设备没有预装后门，是防范固件后门的基本措施。定期更新设备固件，应用最新的安全补丁，有助于修复已知的后门和漏洞。对设备进行严格的安全评估，检查固件和配置是否存在异常。此外，采用安全启动和可信计算技术，可以有效提高设备固件的安全性。

（十）无线网络设备过期

过期使用的无线网络设备，因未及时更新和维护，安全性大幅降低。设备制造商停止对过期设备提供安全更新和技术支持，使其容易成为攻击者的目标。攻击者可以利用已知的漏洞和安全缺陷，轻松攻破过期设备，进入无线网络。定期审查和更新无线网络设备，确保所有设备都在制造商的支持范围内，是防范设备过期带来安全威胁的有效方法。制订设备生命周期管理计划，及时替换过期或即将过期的设备，保障网络的安全性和稳定性。通过这一系列措施，网络管理员可以减少无线网络因设备过期而面临的安全风险。这些无线网络安全漏洞展示了无线网络面临的多种威胁。网络管理员了解这些漏洞并采取相应的防御措施，可以提高无线网络的安全性和可靠性，保障网络的正常运行。

三、无线网络安全风险评估

（一）风险识别

风险识别是无线网络安全风险评估的首要步骤，网络管理员通过识别潜在的安全威胁，评估网络的脆弱性。无线网络由于其开放性，容易受到多种攻击，如DoS攻击、中间人攻击和恶意软件攻击等。识别这些威胁，需要深入了解网络环境、设备配置以及用户行为等多个方面。

网络管理员在进行风险识别时，应当详细记录每个设备的硬件和软件信息，包括型号、固件版本和配置参数等。通过定期扫描和监控，识别可能存在的漏洞和安全缺陷。了解攻击者可能利用的漏洞，有助于提前采取防护措施，降低风险发生的可能性。全面的风险识别能够帮助组织预见潜在的威胁，并制定相应的防御策略。有效的风险识别还需要借助自动化工具和技术，如漏洞扫描器、网络监控系统和入侵检测系统。这些工具能够实时监控网络状态，快速发现并报告潜在的安全问题。综合分析这些信息，形成全面的风险识别报告，为后续的风险评估和管理提供基础。通过这些措施，组织可以更好地保护其无线网络免受各种威胁。

（二）威胁分析

威胁分析旨在深入分析已识别的安全威胁，评估其对无线网络的潜在影响。不同的威胁类型，其影响程度和方式各不相同。比如，DoS 攻击会导致网络服务中断，而恶意软件可能窃取敏感信息或控制设备。威胁分析可以确定每种威胁的危害程度和应对策略。

在进行威胁分析时，需要考虑威胁的来源、动机和技术手段。攻击者可能是外部黑客、内部人员或竞争对手，他们利用网络漏洞、社会工程学手段或物理访问进行攻击。分析这些因素，有助于理解威胁的全貌，并制定针对性的防御措施。详细分析威胁可以帮助组织更有效地防范和应对各种安全挑战。

威胁分析的结果应形成详细的报告，描述每种威胁的特点、影响范围和可能的后果。报告还应提出相应的防御策略和建议，包括技术防护、管理措施和用户教育等方面。这些信息为决策者制定和优化网络安全策略提供了科学依据。系统化的威胁分析能够显著提升组织的网络安全防护水平。

（三）脆弱性评估

脆弱性评估是识别无线网络中可能被利用的安全弱点，分析其被攻击的可能性和后果。无线网络中的脆弱性包括加密协议漏洞、软件和固件漏洞、默认配置和弱密码等。这些脆弱性如果不及时修复，可能被攻击者利用，导致严重的安全事件。

网络管理员应使用专业的漏洞扫描工具，对网络中的设备和系统进行全面扫描，评估脆弱性；通过分析扫描结果，确定每个脆弱性的严重程度和修复优先级。修复优先级的确定，应综合考虑漏洞的危害程度、修复难度和受影响的范围。详细的脆弱性评估有助于预防潜在的安全威胁。

脆弱性评估报告应详细记录每个脆弱性的信息，包括发现时间、漏洞描述、潜在影响和修复建议等。报告还应提供具体的修复措施，如更新固件、修改配置或应用安全补丁等。定期的脆弱性评估和修复，可以有效降低无线网络的安全风险，提升整体防护能力。脆弱性评估是确保无线网络安全性的重要环节。

（四）风险评估方法

风险评估方法是无线网络安全风险评估的核心，通过科学的方法，评估各种威胁和脆弱性对网络的影响。常用的风险评估方法包括定性评估和定量评估。定性评估通过专家经验和判断，分析风险的可能性和影响；定量评估则使用数学模型和统计数据，量化风险的程度和概率。选择适合的风险评估方法，需要考虑网络环境的复杂性、数据的可用性和评估的目的等因素。在实际应用中，定性和定量评估方法结合使用可获得更加全面和准确的评估结果。综合评估可以更好地理解和管理无线网络的安全风险。科学的风险评估方法能显著提升网络安全管理的效果。

风险评估的结果应形成详细的报告，描述评估方法、评估过程和评估结果。报告应包括风险的分类、优先级和应对策略等内容。定期的风险评估，可以动态调整安全策略，及时应对新出现的安全威胁，确保无线网络的安全性和稳定性。系统性的风险评估能够提高组织的防护能力。

（五）影响分析

影响分析是评估安全事件对无线网络和业务运行的潜在影响，包括财务损失、声誉损害和法律责任等。不同类型的安全事件，其影响程度和范围各不相同。比如，数据泄露会导致客户信任下降和法律诉讼，而网络中断则会造成业务停滞和财务损失。通过影响分析，公司可以更好地理解安全事件的后果，并制订相应的应急响应计划。详细记录和分析安全事件的各个方面，包括事件的性质、发生的时间、影响的范围和持续的时间等，是进行影响分析的基础。通过与业务部门和法律顾问合作，评估安全事件对公司的财务、声誉和法律方面的影响，形成全面的影响分析报告。影响分析能够帮助组织制定更有效的应急响应策略。

影响分析的结果应作为决策的重要依据，帮助公司制定和优化安全策略、应急响应计划和灾难恢复计划。通过定期的影响分析，公司可以及时调整和改进安全措施，提高应对安全事件的能力，减少安全事件对业务运行的影响。影响分析有助于增强组织的应急响应能力和业务连续性。

（六）安全控制评估

安全控制评估是检查和评估现有安全控制措施的有效性和可靠性，确定其是否能有效防范和应对安全威胁。无线网络中的安全控制措施包括技术防护、管理措施和用户教育等多个方面。这些措施的有效性，直接影响无线网络的安全性和稳定性。详细记录和分析每个安全控制措施的实施情况、效果和存在的问题，是进行安全控制评估的基础。公司通过定期的安全审计和测试，检查安全控制措施的执行情况和效果，识别和修复存在的漏洞与缺陷。安全控制评估报告应详细记录评估的过程和结果，提出改进建议和措施。系统的安全控制评估可以显著提升网络防护水平。

安全控制评估的结果应作为安全策略和计划的重要依据，帮助公司优化和改进安全控制措施，提高整体防护能力。通过定期的安全控制评估，公司可以动态调整和改进安全措施，确保无线网络的安全性和稳定性，保障业务的正常运行。安全控制评估是网络安全管理的关键环节。

（七）风险管理策略

风险管理策略是制定和实施一系列措施，系统性地管理无线网络的安全风险，包括风险识别、评估、控制和监控等方面。有效的风险管理策略可以帮助公司识别和应对各种安全威胁，减少安全事件的发生和影响。公司制定风险管理策略的同时，需要综合考虑业务需求、风险承受能力和安全资源等因素。通过风险识别和评估，公司确定每个风险的严重程度和优先级，制定针对性的应对措施和计划。风险管理策略应包括技术防护、管理措施和用户教育等多个方面，形成系统和全面的风险管理体系。实施风险管理策略后，定期监控和评估风险管理措施的效果，及时发现和解决存在的问题，是确保策略有效性的关键。通过持续改进和优化风险管理策略，公司可以提高应对安全风险的能力，确保无线网络的安全性和稳定性，保障业务的正常运行。风险管理策略是实现网络安全的基础。

第三节　无线网络安全技术

无线网络安全技术包括加密、认证和入侵检测等方面。本节将介绍无线网络常用的加密技术，如 WEP、WPA/WPA2 以及身份认证技术和无线入侵检测系统。这些技术的应用，可以显著提高无线网络的数据传输安全。

一、无线加密技术

（一）有线等效加密

有线等效加密（Wired Equivalent Privacy，WEP）是无线局域网早期采用的一种加密协议，旨在提供与有线网络相同的安全性。WEP 的设计初衷是保护无线网络中的数据传输，防止未经授权的用户窃听和访问网络资源。然而，随着时间的推移，WEP 被证明存在许多安全漏洞，导致其逐渐被更先进的加密协议取代。

WEP 使用 40 位或 104 位密钥与 24 位初始化向量（IV）相结合，生成 RC4 流加密密钥。数据在传输前，通过 RC4 加密算法进行加密，然后附加一个用于完整性检查的循环冗余校验码（CRC）。尽管 WEP 的设计初衷是保护无线通信的安全性，但其使用的 IV 值重复率较高，且密钥管理机制较为薄弱，使得 WEP 容易受到攻击。

WEP 的主要安全漏洞之一是 IV 值的长度和重复问题。IV 值的长度仅为 24 位，这意味着在大流量的网络中，IV 值会在较短时间内重复。攻击者可以通过捕获大量的数据包，并对这些数据包进行分析，进而恢复加密密钥。此外，WEP 的 RC4 加密算法本身也存在漏洞，攻击者可以利用这些漏洞对数据进行解密。

WEP 的另一个显著的缺陷是 WEP 的密钥管理机制。在 WEP 中，密钥通常是手动配置的，并且长期不更换，这使得攻击者有足够的时间进行攻击。密钥共享机制也较为简单，所有用户共享同一密钥，这进一步增加了安全风险。攻击者只需破解一个密钥，便可访问整个网络。

为了攻击 WEP，攻击者通常使用工具如 Aircrack-ng 来捕获和分析无线数据包。通过收集足够多的数据包，攻击者可以使用统计分析方法恢复 WEP 密钥。IV 碰撞和密钥流重用是攻击 WEP 的主要方法，攻击者可以利用这些技术迅速破解 WEP 加密。尽管 WEP 在其引入时提供了一定的安全保护，但随着攻击技术的发展，其安全性已不能满足现代无线网络的需求。无线网络用户和管理员被建议尽快升级到更安全的加密协议，以确保数据传输的安全性和网络的整体防护能力。WEP 作为一种过时的加密标准，已经被 Wi-Fi 联盟宣布为不推荐使用的协议。

在现有的无线网络环境中，依然有部分旧设备和系统依赖 WEP 加密。这些设备由于硬件或软件限制，无法升级到更高级的加密协议。这种情况下，建议采取额外的安全措施，如限制网络访问权限、定期更换密钥，以及监控网络流量以检测异常活动，以弥补 WEP 的安全不足。随着 WEP 逐渐被淘汰，更先进的加密协议如 WPA 和 WPA2 逐步取代了 WEP 的位置。WEP 的存在虽然为无线网络的早期发展提供了安全保障，但其固有的安全缺陷也为后续加密技术的发展提供了教训和经验。现代无线网络的安全依赖更复杂和可靠的加密协议，这些协议在设计时充分考虑了早期 WEP 所暴露的问题。

总体来看，WEP 的安全性问题使其逐渐退出了历史舞台。然而，理解 WEP 的设计和缺陷，对于研究和发展更安全的无线网络协议仍具有重要的参考价值。通过分析 WEP 的不足，我们可以更好地设计和实施未来的网络安全策略，确保无线通信的安全和可靠。

（二）WPA/WPA2 加密

Wi-Fi 保护访问（Wi-Fi Protected Access，WPA）和其改进版本 WPA2 是为了弥补 WEP 的安全漏洞而引入的加密协议。WPA 作为一种过渡性方案，提供了更高的安全性，而 WPA2 则基于 IEEE 802.11i 标准，进一步增强了无线网络的保护措施。WPA 和 WPA2 的设计目标是提供一个强大且灵活的安全机制，保护无线通信免受各种攻击。

WPA 采用临时密钥完整性协议（Temporal Key Integrity Protocol，TKIP）来增强数据加密的安全性。TKIP 在每个数据包中使用唯一的密钥，从而避免了 WEP 中的 IV 重用问题。TKIP 还引入了消息完整性检查（Message Integrity Check，MIC），用于检测数据包的篡改。通过这些改进，WPA 显著提高了数据传输的安全性。

与 WPA 相比，WPA2 使用了高级加密标准（Advanced Encryption Standard，AES）进行加密。AES 是一种对称加密算法，被认为是目前最安全的加密算法之一。WPA2 通过 AES 提供了更高的加密强度和更好的性能，特别是在处理大数据量的无线通信时。WPA2 还使用了计数器模式密码块链消息认证码协议（CCMP），提供了更强的数据完整性保护。

WPA 和 WPA2 的认证机制得到了改进。两者都支持预共享密钥（PSK）和企业级认证（EAP）。PSK 适用于家庭和小型网络，通过共享的密码进行认证。而 EAP 则适用于企业网络，通过 RADIUS 服务器进行集中认证管理，提高了网络的安全性和可管理性。EAP 支持多种认证方法，包括 PEAP、TLS 和 TTLS，适应不同的安全需求。尽管 WPA 和 WPA2 大幅提高了无线网络的安全性，但它们并非完全无懈可击。WPA 中的 TKIP 虽然增强了加密，但仍存在一定的安全风险。比如，攻击者可以通过 Michael 密钥完整性检查的漏洞进行攻击。为此，WPA2 采用了更安全的 AES 加密和 CCMP 协议，避免了这些问题。

WPA2 被认为是目前最安全的无线加密协议，但其安全性仍依赖正确的配置和使用。为了确保 WPA2 的安全性，建议使用复杂的密码作为 PSK，定期更换密码，避免使用默认设置。此外，在企业环境中，使用 EAP 认证和 RADIUS 服务器可以提供更高的安全保障。

随着技术的不断创新，WPA2 也面临新的挑战和攻击手段。比如，KRACK（Key Reinstallation Attack）攻击利用了 WPA2 四次握手协议的漏洞，允许攻击者重新安装密钥，导致加密通信被解密。虽然这一漏洞可以通过软件补丁修复，但它也提醒我们不断更新和维护网络安全的重要性。

WPA 和 WPA2 的引入，标志着无线网络安全的一个重大进步。它们通过改进加密算法、加强认证机制以及引入数据完整性检查，大大提高了无线网络的安全性和可靠性。然而，随着攻击技术的不断进步，网络管理员和用户必须保持警惕，持续关注和应对新的安全威胁。

在现代无线网络中，WPA2 已经成为主流的安全标准，其强大的加密和认证机制为用户提供了高度的安全保障。未来，无线网络的安全保护将继续依赖不断改进的加密技术和安全协议，以应对日益复杂和多样化的网络攻击。

（三）WPA3 及其改进

WPA3 作为最新一代无线安全协议，旨在解决 WPA2 中存在的安全问题，并提供更强大的安全保障。Wi-Fi 联盟在 2018 年推出 WPA3 标准，希望通过改进加密方法和增强安全特性，为现代无线网络提供更高的安全性。WPA3 的引入标志着无线网络安全技术的又一次重大进步。

WPA3 引入了一种新的加密方法，称为机密性无关分组密码（Confidentiality Integrity Organization，CIO）。CIO 结合了 AES-GCM（Galois/Counter Mode）和 GCMP–256 算法，提供了更高的加密强度和数据完整性保护。相比于 WPA2 中的 CCMP，WPA3 的加密算法不仅提高了安全性，还优化了性能，特别是在处理高数据量的应用中表现尤为出色。此外，WPA3 还增强了个人用户的安全保护，通过引入改进的保护功能，称为同步密钥交换（Simultaneous Authentication of Equals，SAE）。SAE 取代了 WPA2 中的 PSK 机制，使用基于密码的密钥交换方法，使得密钥交换过程更加安全。即使用户密码较弱，SAE 也能有效防止离线字典攻击，提升了整体安全性。

在企业环境中，WPA3 进一步强化了安全性。WPA3–Enterprise 引入了 192 位安全套件，提供更强的加密保护和身份验证机制。这一安全套件符合国家安全系统委员会（CNSS）P 级要求，适用于需要高安全性的网络环境，如政府和金融机构。192 位安全套件包括 AES–256–GCM 和 SHA–384，确保数据在传输中的高度安全。同时 WPA3 还改进了公开网络的安全保护。WPA3 推出了称为"增强开放性"（Enhanced Open）的功能，通过开放网络数据加密（Opportunistic Wireless Encryption，OWE），为开放 Wi-Fi 网络提供加密保护。OWE 自动加密所有客户端和接入点之间的通信，即使在没有密码的情况下，也能防止数据被窃听，提升了用户在公共网络中的安全性。

面对物联网设备的安全需求，WPA3 引入了一种称为"Wi-Fi Easy Connect"的功能。该功能通过简化设备配对过程，使得物联网设备能够更加安全、方便地连接到无线网络。Wi-Fi Easy Connect 利用二维码或 NFC 进行设备认证和配对，减少了配置错误和安全漏洞的可能性，为物联网设备提供了更高的安全保障。

WPA3 的引入和改进不仅提升了无线网络的安全性，还为用户和企业提供了更好的使用体验。然而，WPA3 的全面普及还需要一定时间，因为这不仅涉及软件的升级，还需要硬件的支持。网络管理员和用户需要逐步过渡到支持 WPA3 的设备和网络，以充分利用其安全特性。

尽管 WPA3 提供了显著的安全改进，但其安全性仍然依赖正确的配置和使

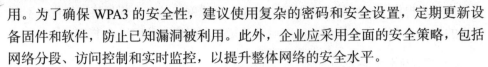

用。为了确保 WPA3 的安全性，建议使用复杂的密码和安全设置，定期更新设备固件和软件，防止已知漏洞被利用。此外，企业应采用全面的安全策略，包括网络分段、访问控制和实时监控，以提升整体网络的安全水平。

WPA3 代表了无线网络安全技术的前沿，为应对日益复杂的网络攻击提供了强有力的工具。随着 WPA3 的逐步普及，现代无线网络的安全性将得到显著提升，用户和企业可以更加放心地享受无线网络带来的便利和高效。

二、无线身份认证技术

（一）认证协议分析

无线身份认证技术是保障无线网络安全的重要组成部分。它通过验证用户身份，确保只有经过授权的用户才能访问网络资源。当前广泛使用的认证协议主要包括 WPA2–PSK、WPA2–Enterprise 和 EAP 协议。这些协议在不同的应用场景下，提供了不同程度的安全保障和管理便利。

WPA2–PSK（Pre-Shared Key）是一种基于共享密钥的认证协议，适用于小型家庭和办公室网络。用户通过输入预先设定的共享密钥进行认证。尽管 WPA2–PSK 的配置简单、使用方便，但其安全性依赖密钥的强度和管理。如果密钥过于简单或在多个设备间共享，容易被攻击者破解。为增强 WPA2–PSK 的安全性，建议使用长度较长、复杂度较高的随机密钥并定期更换。

WPA2–Enterprise 采用基于 RADIUS（Remote Authentication Dial-In User Service）服务器的认证机制，适用于企业级网络。它使用 EAP（Extensible Authentication Protocol）进行用户认证，支持多种认证方法，如 EAP–TLS、EAP–TTLS（Tunneled Transport Layer Security）和 PEAP（Protected EAP）。通过 RADIUS 服务器集中管理用户认证信息，WPA2–Enterprise 能够提供更高的安全性和灵活性。EAP–TLS 基于证书认证，安全性最高，但需要配置和管理证书。EAP–TTLS 和 PEAP 则通过隧道保护用户名和密码的传输，兼顾安全性和易用性。

EAP 协议是无线网络认证的基础，支持多种认证方式，满足不同网络环境的需求。EAP–TLS（Transport Layer Security）是其中一种基于证书的认证方法，提供了较高的安全性。通过双向认证机制，EAP–TLS 确保了客户端和服务器双方的身份真实性。EAP–TTLS 和 PEAP 则通过建立加密隧道，保护用户凭据的传输安全。这两种方法简化了证书管理，仅需服务器端证书即可实现安全认证。

在实际应用中，各种 EAP 方法根据网络环境和安全需求的不同而有所选择。比如，企业级网络通常选择 EAP–TLS 或 EAP–TTLS 以确保高安全性，而教育机构则可能选择 PEAP 以平衡安全性和易用性。随着无线网络的普及和攻击手段的不断升级，EAP 协议也在创新发展和改进，以应对新的安全挑战。

EAP–SIM（Subscriber Identity Module）和 EAP–AKA（Authentication and Key Agreement）是专为移动网络设计的认证方法。EAP–SIM 基于 GSM 网络中的 SIM 卡进行认证，EAP–AKA 则基于 UMTS 和 LTE 网络中的 USIM 卡。它们利用移动网络的身份验证机制，提供了可靠的认证保障。对于无线热点和公共 Wi-Fi 网络，EAP–SIM 和 EAP–AKA 提供了便捷且安全的认证手段。

认证协议的选择不仅取决于安全需求，还需要考虑部署和管理的复杂性。对于小型网络，简单易用的 WPA2–PSK 可能足够；而对于大型企业网络，具备集中管理和高安全性的 WPA2–Enterprise 和 EAP 方法则更合适。随着无线网络技术的发展，认证协议也将不断演进，提供更高的安全性和更好的用户体验。

（二）认证技术的应用

无线身份认证技术的应用广泛覆盖了家庭、企业、公共场所和移动网络等多种场景。不同的应用场景对认证技术的安全性、管理性和用户体验有不同的需求。因此，选择合适的认证技术和策略至关重要。

在家庭和小型办公室环境中，WPA2–PSK 是最常用的认证技术。用户通过输入预共享密钥连接无线网络。尽管其配置和使用较为简便，但安全性依赖密钥的复杂度和保密性。为了提高安全性，建议用户使用复杂度较高的随机密钥，并定期更换。同时，启用路由器的防火墙功能，限制网络访问，进一步增强网络的安全防护。

企业网络通常采用 WPA2–Enterprise 认证技术。通过 RADIUS 服务器集中管理用户认证信息，企业网络能够实现更高的安全性和灵活性。员工使用各自的用户名和密码登录网络，RADIUS 服务器通过 EAP 协议验证用户身份。EAP–TLS、EAP–TTLS 和 PEAP 是常见的企业级 EAP 方法。EAP–TLS 提供最高的安全性，适用于对安全性要求极高的企业环境。EAP–TTLS 和 PEAP 通过隧道保护用户凭据传输，适用于希望简化证书管理的企业。

在公共场所，如咖啡馆、机场和商场，开放 Wi-Fi 网络广泛存在。传统的开放网络缺乏有效的认证和加密机制，容易受到攻击。为了提高公共 Wi-Fi 的安全性，Wi-Fi 联盟推出了 WPA3 标准中的"增强开放性"（Enhanced Open）功能。

在移动网络环境中，EAP–SIM 和 EAP–AKA 认证方法被广泛应用。基于 SIM 卡和 USIM 卡的身份验证机制，EAP–SIM 和 EAP–AKA 为移动用户提供了可靠的认证保障。特别是在无线热点和公共 Wi-Fi 网络中，这些认证方法通过移动网络的身份验证机制，简化了用户的认证过程，同时保证了通信的安全性。

在智能家居领域，无线身份认证技术同样扮演重要角色。智能家居设备通过无线网络互联，需要可靠的身份认证机制确保设备间通信的安全性。WPA2–PSK 或 WPA3 认证技术的使用，可以有效防止未经授权的设备接入网络。此外，智能家居系统通常具备远程管理功能，通过加强远程访问的身份认证，如双因素认证，进一步提高系统的整体安全性。

无线身份认证技术在教育机构的应用具有特殊需求。学校网络通常需要支持大量用户，并提供灵活的访问控制。WPA2–Enterprise 和 EAP 方法在这种环境中尤为适用。通过 RADIUS 服务器集中管理学生和教职员工的认证信息，学校可以实现精细的访问控制和资源管理，确保网络的安全和稳定运行。随着人工智能技术的进步，智能化的身份认证方法将逐渐应用于无线网络中，通过行为分析和生物特征识别，提供更加动态和精准的认证服务。

（三）认证与隐私保护

无线身份认证技术不仅需要确保网络安全，还必须考虑用户隐私保护。随着个人数据保护法规的不断完善，如何在认证过程中保护用户隐私成为一个重要课题。

在无线身份认证过程中，用户的身份信息和认证凭据通常需要传输和验证。传统的认证方法如 WPA2–PSK，通过共享密钥进行认证，虽然简便，但无法保护用户的身份隐私。WPA2–Enterprise 和 EAP 方法通过加密和隧道保护，能有效防止身份信息在传输过程中被窃取。即便如此，认证服务器仍需妥善管理用户数据，防止被泄露和滥用。为保护用户隐私，WPA3 标准引入了更严格的加密机制和改进的认证方法。比如，WPA3 中的同步密钥交换取代了传统的预共享密钥机制，使用基于密码的密钥交换方法，即使在弱密码情况下，也能防止离线字典攻击，从而保护用户隐私。通过使用更强的加密算法和密钥管理机制，WPA3 提升了整体认证过程的隐私保护水平。

此外，匿名认证技术在保护用户隐私方面也发挥了重要作用。匿名认证通过生成临时身份或伪身份，允许用户在不暴露真实身份的情况下进行认证。EAP 方法中的某些变种，如 EAP–TTLS 和 PEAP，利用加密隧道传输用户名和密码，防止在认证过程中泄露用户真实身份信息。通过这些技术，用户可以在享受无线网络服务的同时保证个人隐私不被侵犯。

在公共 Wi-Fi 网络中，隐私保护尤为重要。传统的开放 Wi-Fi 网络缺乏有效的加密和认证机制，容易被攻击者利用。WPA3 标准中的开放网络数据加密功能，为开放 Wi-Fi 网络提供了加密保护，即使在没有密码的情况下，也能防止数据被窃听，保护用户隐私。此外，公共 Wi-Fi 网络的运营者应采取严格的隐私政策，确保用户数据不被滥用和泄露。

物联网设备的隐私保护也面临巨大挑战。物联网设备通常资源有限，无法采用复杂的加密和认证机制。然而，这些设备经常处理敏感数据，如家庭监控视频、健康数据等。因此，在物联网环境中，使用轻量级的加密和认证技术，同时确保数据传输的安全性和隐私保护，显得尤为重要。Wi-Fi 联盟推出的"Wi-Fi Easy Connect"功能，通过简化设备配对过程，降低配置错误和安全漏洞的可能性，为物联网设备提供了更高的隐私保护。

隐私保护不仅在技术层面上需要加强，相关法律法规的制定和执行同样重要。各国政府和监管机构应制定明确的隐私保护法规，规范无线网络服务提供商和设备制造商的行为，确保用户隐私得到充分保护。比如，欧盟的《通用数据保护条例》（GDPR）对个人数据保护提出了严格要求，促使企业在处理用户数据时必须遵循隐私保护原则。

在企业网络中，隐私保护同样至关重要。企业通常处理大量敏感数据，如客户信息、财务数据等。通过采用强大的认证和加密技术，企业可以有效保护这些数据免受未经授权的主体的访问。此外，企业应建立健全的数据管理和隐私保护制度，定期审查和更新安全策略，确保符合最新的隐私保护法规。

无线身份认证技术的发展必须兼顾安全性和隐私保护。随着技术的不断进步，新的认证方法和隐私保护机制将不断涌现。通过持续的研究和创新，无线网络可以在提供高效便捷服务的同时保障用户的隐私和数据安全。

三、无线入侵检测技术

（一）无线入侵检测系统的工作原理

无线入侵检测系统（Wireless Intrusion Detection System，WIDS）是用于检测和应对无线网络中未经授权访问和恶意攻击的安全技术。WIDS 通过监控无线网络流量，识别异常行为和潜在威胁，确保无线网络的安全性和可靠性。其工作原理涉及多个关键组件和步骤，包括数据采集、数据分析、事件生成和响应机制等。

数据采集是 WIDS 工作的首要环节。通过部署多个无线传感器，WIDS 能够实时捕获和收集无线网络中的数据包。这些传感器通常安装在网络覆盖区域的重要位置，以确保全面的监控覆盖。传感器捕获的数据包括管理帧、控制帧和数据帧等不同类型的无线帧。这些数据为后续分析提供了基础。

数据采集结束，下一步是数据分析。WIDS 采用多种分析技术，包括特征匹配、行为分析和统计分析等，以识别潜在的入侵行为。特征匹配是通过预先定义的入侵特征库，检测与已知攻击模式相匹配的数据包。行为分析则通过观察设备和用户的行为模式，识别异常行为。比如，如果一个设备突然出现异常的大量数据传输，可能表明存在潜在的攻击。统计分析通过对网络流量的统计特征进行分析，识别异常流量模式和异常行为。

事件生成是数据分析的直接结果。当检测到潜在的入侵行为时，WIDS 会生成相应的安全事件。每个事件都包含详细的信息，包括事件类型、时间戳、资源和目标地址等。这些信息对于后续的事件响应和调查至关重要。事件生成不仅限于检测已知的攻击模式，还包括识别新的、未知的威胁。

在事件生成后，WIDS 需要触发相应的响应机制。响应机制可以是自动化的，也可以是手动干预的。自动化响应机制包括阻断攻击流量、隔离受感染的设备和发送警报等。手动干预则需要安全管理员对事件进行评估和处理。通过结合自动化和手动干预，WIDS 能够提供灵活和高效的安全防护。

WIDS 的有效性还依赖其持续的更新和维护。随着新的攻击手段和技术不断涌现，WIDS 需要定期更新其特征库和检测算法。此外，系统的性能和准确性也需要定期评估和优化，以确保其在实际应用中的有效性。通过持续的改进，WIDS 能够保持其对无线网络安全的高效防护。

WIDS 的工作原理不仅涉及技术层面的实现，还包括组织层面的管理和协调。安全策略的制定和实施、员工的安全意识培训，以及事件响应流程的建立，都是确保 WIDS 有效运行的重要因素。通过技术与管理的有机结合，WIDS 能够提供全面和可靠的无线网络安全防护。

（二）无线入侵检测系统的部署

合理的无线入侵检测系统（WIDS）的部署策略能够最大限度地发挥 WIDS 的功能，提供全面的网络监控和安全保护。WIDS 部署过程中需要考虑多个因素，包括物理布局、传感器位置、网络架构和管理策略等。

在部署 WIDS 之前，相关人员首先需要进行详细的网络评估。网络评估包括物理环境的勘测、无线信号覆盖范围的测定，以及潜在安全威胁的识别。这些信息为制定部署策略提供了基础。通过网络评估，相关人员可以确定最佳的传感器部署位置，确保全面的监控覆盖。同时，网络评估还可以识别网络中的关键节点和潜在的安全漏洞，制定相应的防护措施。

传感器的位置选择是 WIDS 部署中的重要环节。传感器应安装在无线信号覆盖范围内的关键位置，如网络入口、重要的业务节点和潜在的安全薄弱点。合理分布传感器可以确保全面的网络监控，及时检测和响应潜在的安全威胁。在大型网络环境中，传感器的数量和分布需要根据实际情况进行调整，以实现最佳的监控效果。

网络架构的设计也是 WIDS 部署中的重要考虑因素。WIDS 需要与现有的网络架构无缝集成，确保数据的有效传输和处理。在网络架构设计中，相关人员需要考虑数据传输的带宽需求、网络延迟和系统的冗余性等因素。通过合理设计网络架构，可以确保 WIDS 的数据采集和分析能力，提供可靠的安全监控。

管理策略的制定和实施是确保 WIDS 有效运行的关键。管理策略包括安全策略的制定、事件响应流程的建立、系统的维护和更新等。制定明确的安全策略，可以规范网络使用行为，减少安全威胁。事件响应流程的建立，确保在发生安全事件时，能够快速、有效地进行响应和处理。系统的维护和更新，包括特征库的更新、检测算法的优化等，确保 WIDS 在不断变化的安全环境中，始终保持高效的检测能力。

WIDS 的部署还需要考虑用户的隐私保护。由于 WIDS 需要监控和分析大量的网络流量，其中包含用户的私人数据。WIDS 在部署过程中，需要严格遵守相关的法律法规，保护用户的隐私权利。通过采用加密技术、数据脱敏等手段，可以有效保护用户的隐私，确保 WIDS 的合法性和合规性。

在实际部署过程中，还需要进行持续的评估和优化。相关人员通过对 WIDS 的运行效果进行评估，识别系统中的不足和改进空间，不断优化部署策略，提高系统的整体效能。相关人员通过持续的评估和优化，确保 WIDS 在实际应用中，能够提供高效的安全防护，保障无线网络的安全。

（三）无线入侵检测系统的性能评估

无线入侵检测系统（WIDS）的性能评估是确保其有效性的关键步骤。相关人员通过对系统的性能进行全面评估，可以识别系统中的不足和改进空间，不断优化系统，提高其整体效能。性能评估包括检测准确性、响应速度、系统稳定性和资源利用率等方面。

检测准确性是 WIDS 性能评估的核心指标。检测准确性包括误报率和漏报率两个方面。误报率是指系统错误地将正常行为识别为入侵行为的比例；漏报率则指系统未能检测到实际入侵行为的比例。对误报率和漏报率的评估，可以判断系统的检测准确性。高检测准确性意味着系统能够有效区分正常行为和入侵行为，提供可靠的安全监控。

响应速度是 WIDS 性能评估的另一个重要指标。响应速度是指系统从检测到入侵行为到生成安全事件并采取响应措施所需的时间。较快的响应速度意味着系统能够及时发现和应对安全威胁，降低安全事件对网络的影响。在评估响应速度时，需要考虑系统的整体处理能力、网络延迟和传感器的分布情况等因素。

系统稳定性是确保 WIDS 长期有效运行的重要指标。系统稳定性包括系统的可靠性和可用性。可靠性是指系统在不同工作负载和网络环境下，能够稳定运行的能力。可用性是指系统能够持续提供安全监控服务的能力。相关人员在评估系统稳定性时，需要通过长时间的运行测试，观察系统在不同条件下的表现，识别潜在的问题和改进空间。

资源利用率是评估 WIDS 性能的辅助指标。资源利用率包括系统对计算资源、存储资源和网络带宽的利用情况。对资源利用率的评估，可以判断系统的效率和资源管理能力。高效的资源利用率意味着系统能够在有限的资源条件下，提供高效的安全监控服务。优化资源管理，可以提高系统的整体效能，降低运行成本。

相关人员在实际评估过程中，需要结合多种评估方法和工具，进行全面的性能评估。常用的评估方法包括基准测试、模拟攻击测试和实际运行测试等。基准测试通过预设的测试条件，评估系统的各项性能指标。模拟攻击测试通过模拟真实的攻击行为，评估系统的检测和响应能力。实际运行测试则需要通过长时间的运行观察，评估系统的稳定性和资源利用率。相关人员通过性能评估，可以识别 WIDS 中的不足和改进空间。相关人员针对评估中发现的问题，可以采取相应的优化措施。比如，针对误报率较高的问题，可以通过优化检测算法，提高系统的检测准确性；针对响应速度较慢的问题，可以通过优化系统架构和网络传输，提高系统的响应速度；针对系统稳定性较差的问题，可以通过增加冗余设计和容错机制，提高系统的可靠性和可用性。

在实际应用中，性能评估是一个持续的过程。定期的评估和优化，可以确保 WIDS 在不断变化的安全环境中，始终保持高效的检测和响应能力。通过持续的改进，WIDS 能够提供全面和可靠的安全防护，保障无线网络的安全。通过研究无线网络的安全技术，我们了解了多种有效的防护手段。无线加密技术和身份认证技术的应用，能够显著提升无线网络的安全性，确保数据传输的机密性和完整性。

无线网络的安全问题具有复杂性和多样性，其开放性和易受攻击性使得无线网络安全面临诸多挑战。无线加密技术是保护无线网络数据传输安全的重要手段，通过对无线信号加密，防止攻击者截获和解密数据。无线身份认证技术通过认证设备和用户，确保合法访问。无线入侵检测技术监控流量和活动，检测并响应异常行为，提升网络安全性。无线网络安全技术的持续研究和改进，可以有效提升无线网络的防护能力，确保无线网络的安全和可靠性。

第五章　云计算与大数据安全

近年来，云计算和大数据技术的迅猛发展为信息技术带来了很多新的机遇和挑战。云计算通过资源虚拟化和动态分配，实现计算能力的按需使用；大数据技术则通过对海量数据的存储和分析，揭示数据背后的价值。然而，云计算和大数据在广泛应用的同时也产生了新的安全问题。研究云计算与大数据的安全问题及其解决方案，是保障数据安全的关键。

云计算的基本概念和架构，为理解其安全问题提供了基础。云计算通过虚拟化技术，将物理资源抽象为虚拟资源，使得资源分配更加灵活和高效。大数据的特点包括数据量大、数据类型多样和生成速度快，传统的数据安全技术难以应对大数据环境中的安全问题。云计算与大数据相结合，使安全问题更加复杂。云计算环境中的大数据安全，既需考虑云计算的安全问题，又需考虑大数据的安全问题。如何在云计算环境中实现大数据的安全存储和分析，是重要的研究方向。

第一节　云计算安全概述

云计算的广泛应用带来了新的安全挑战。本节将梳理云计算的基本概念和架构，分析其在安全方面的独特需求和潜在风险。这些风险包括数据的机密性、完整性和可用性问题。

一、云计算的基本概念

（一）云计算的定义与背景

云计算是一种通过互联网提供计算资源和服务的模式，具有按需自助服务、广泛的网络访问、资源池化、快速弹性和服务可测量等特点。这种计算模式利用虚拟化技术，将计算资源抽象成统一的资源池，用户可以按需获取计算能力、存储空间和应用服务。云计算的出现和发展，与互联网技术的进步和企业对高效计算资源管理的需求密不可分。

20 世纪末，随着互联网的普及和 IT 技术的飞速发展，计算资源的需求不断增长。然而，传统的计算模式面临资源利用率低、成本高和管理复杂等问题。云计算的提出，为解决这些问题提供了新的思路。通过虚拟化技术，云计算可以将物理资源抽象为虚拟资源，用户无须关心底层硬件的管理，只需根据需求动态调整和使用资源。云计算的发展得益于几项关键技术的进步，包括虚拟化技术、分布式计算、存储技术和网络技术。虚拟化技术使得单一物理服务器可以运行多个虚拟机，显著提高资源利用率。分布式计算通过多个计算节点协同工作，提高计算能力和可靠性。先进的存储技术和高速网络技术则为云计算提供数据存储和传输的基础保障。

（二）云计算服务模型

云计算提供三种主要的服务模型：基础设施即服务（IaaS）、平台即服务（PaaS）和软件即服务（SaaS）。每种服务模型针对不同的用户需求，提供不同层次的服务。

IaaS 是指通过互联网提供基础计算资源，如虚拟机、存储和网络等。用户可以根据需要配置和管理这些资源，灵活调整计算能力和存储空间。IaaS 的代表服务提供商包括亚马逊 AWS、微软 Azure 和谷歌云平台。IaaS 的优势在于其高度的灵活性和控制力，适合需要自主管理计算环境的企业和开发者。

PaaS 提供的是一个开发和部署应用的平台。用户可以在这个平台上开发、测试和运行应用程序，无须管理底层的基础设施。PaaS 平台通常包括操作系统、数据库、中间件和开发工具。通过 PaaS，开发者可以专注应用程序的开发和创新，提高开发效率和产品上市速度。知名的 PaaS 服务有 Google App Engine、微软 Azure PaaS 和 Heroku。

SaaS 是一种通过互联网提供软件应用的服务模式。用户无须安装和维护软件，只需通过浏览器或客户端访问应用。SaaS 服务提供商负责软件的维护、更新和数据安全，用户按需付费使用软件功能。SaaS 的优势在于其便捷性和成本效益，广泛应用于电子邮件、客户关系管理（CRM）、企业资源计划（ERP）等领域。代表性的 SaaS 服务有 Salesforce、Google Workspace 和 Microsoft 365。

（三）云计算部署模型

云计算部署模型主要包括公有云、私有云、混合云和社区云。每种部署模型根据使用者的不同需求和安全要求，提供不同的资源管理和使用方式。

公有云由第三方服务提供商运营，通过互联网向公众提供服务。公有云的优势在于其高可用性、弹性和成本效益，适合中小企业和个体用户。用户无须投资建设和维护基础设施，只需按需付费使用资源。然而，公有云的安全性和数据隐私问题是用户关注的重点，尤其是对于涉及敏感数据的应用。

私有云由单一组织运营，服务于该组织内部用户。私有云可以部署在组织内部的数据中心，也可以由第三方托管。私有云的优势在于其高控制性和安全性，适合对数据隐私和合规性要求较高的企业。通过私有云，企业可以自主掌控资源分配和管理，确保业务的连续性和数据的安全性。

混合云结合了公有云和私有云的特点，通过统一的管理平台，提供跨云的资源管理和调度。混合云的优势在于其灵活性，企业可以根据业务需求，将非核心应用部署在公有云上，而将核心应用和敏感数据保留在私有云中。混合云的挑战在于跨云的安全管理和数据一致性，企业需要建立健全的安全策略和数据同步机制。

社区云是由多个组织共同运营和使用的云环境，通常服务于有共同需求的特定行业或社区。社区云可以由内部管理或第三方托管，提供定制化的服务和资源。社区云的优势在于共享资源和降低成本，同时满足特定行业的合规要求。典型的应用场景包括政府部门、医疗和教育行业。

（四）云计算的基本特性

云计算具有四个显著特性，这些特性使其在各个领域中得到了广泛应用，并且成为现代信息技术基础设施的重要组成部分。

第一，按需自助服务是云计算的一个重要特性。用户可以根据自身需求，通过简单的界面自助获取所需的计算资源，无须依赖人工服务。这种按需服务模式极大地提高了资源获取效率，满足了用户对计算资源的快速响应需求。资源池化是云计算的另一个关键特性。通过虚拟化技术，云计算将物理资源抽象为多个虚拟资源池，用户可以根据需要动态分配和调整资源。这种资源池化模式不仅提高了资源利用率，还简化了资源管理，降低了运营成本。

第二，广泛的网络访问是云计算的基础特性。云计算通过互联网提供服务，用户可以通过各种终端设备（如计算机、智能手机和平板电脑）访问云服务。这种广泛的网络访问能力，使得用户可以随时随地使用计算资源，提高了工作效率和灵活性。

第三，快速弹性是云计算的一大优势。用户可以根据业务需求，动态调整计算资源的规模，实现资源的快速扩展和缩减。这种快速弹性能力，使得企业能够灵活应对业务高峰期和低谷期，优化资源配置，降低运营成本。

第四，服务可测量是云计算的一个重要特性。云服务提供商通过精确的测量和计量技术，实时监控和记录用户的资源使用情况。用户可以通过详尽的使用报告，了解资源使用情况，优化资源配置，提高运营效率。服务可测量还为用户提供了透明的计费模式，用户只需为实际使用的资源付费，大幅降低了运营成本。

（五）云计算的应用场景

云计算在各个行业和领域中得到了广泛应用，提供了丰富的应用场景和解决方案。在企业 IT 基础设施中，云计算通过提供灵活的资源配置和高效的管理工具，提高了 IT 资源的利用率和运营效率。企业可以通过云计算平台进行虚拟化部署、灾备管理和大数据分析，提升业务的灵活性和竞争力。

在互联网服务中，云计算为大规模用户提供了高可用性和可扩展性的服务支持。电子商务、社交媒体、在线游戏和流媒体等互联网应用，通过云计算平台实现了大规模并发用户的高效管理和服务交付。云计算的弹性扩展能力保证了在业务高峰期能够迅速扩展资源，满足用户需求。

云计算在大数据分析和人工智能领域的应用极为广泛。通过云计算平台，企业可以高效地存储和处理海量数据，进行数据挖掘和分析，发现商业价值和创新机会。云计算提供的高性能计算资源和算法支持，实现了智能化的数据处理和决策分析。

在教育和科研领域，云计算提供了开放和共享的资源平台，促进了学术交流和科研合作。教育机构通过云计算平台提供在线教育、虚拟实验室和教学资源管理，提高了教育质量和教学效率。科研机构通过云计算平台进行大规模计算和数据处理，加速了科学研究的进程。

在政府和公共服务领域，云计算为智慧城市、公共安全和电子政务提供了技术支持。智慧城市通过云计算平台实现了城市管理的智能化和数据化，提高了城市运营效率和公共服务水平。公共安全通过云计算进行视频监控、数据分析和应急响应，提升了安全防护能力。电子政务通过云计算平台提供便捷的公共服务，改善了政府与市民的互动和服务质量。

随着云计算技术的不断发展，其应用场景将更加广泛和深入。物联网（IoT）、区块链和边缘计算等新兴技术与云计算相结合，推动了新的应用场景和商业模式的诞生。未来，云计算将继续发挥其强大的技术优势，推动各行业的数字化转型和创新发展。

二、云计算的优势与挑战

（一）云计算的优势

云计算作为一种新兴的计算模式，凭借其独特的技术优势，在各行各业中得到了广泛应用。

第一，云计算显著提高了资源利用率。传统的 IT 基础设施通常面临资源利用率低的问题，服务器的计算能力和存储空间往往无法得到充分利用。而云计算通过虚拟化技术，将物理资源抽象成虚拟资源池，用户可以按需获取和释放资源，从而大幅提高了资源的利用效率。这种资源池化和按需分配的方式，使得计算资源的使用更加灵活和高效。

第二，弹性和可扩展性是云计算的另一优势。企业在面临业务高峰期时，往往需要迅速扩展计算资源，以应对突增的业务需求。传统的 IT 架构中，资源扩展需要较长时间，而云计算则可以在几分钟内完成资源的动态调整，确保业务的连续性和稳定性。这种快速扩展和缩减资源的能力，使得企业能够灵活应对市场变化，提升业务的灵活性和响应速度。

第三，成本效益是云计算被广泛采用的重要原因之一。企业无须投入大量资金购买和维护昂贵的硬件设备，只需按使用量支付云服务费用，极大地降低了运营成本。特别是对于中小企业和初创公司，云计算的低成本、高效益使其能够以较低的投入获取高性能的计算资源，支持业务的发展和创新。

第四，云计算还提供了高可靠性和高可用性。云服务提供商通常在全球范围内部署数据中心，采用冗余和容灾机制，确保数据和服务的高可用性。即使某个数据中心发生故障，用户的数据和应用也可以迅速转移到其他数据中心，确保业务的连续性。通过多层次的备份和恢复机制，云计算平台能够有效应对各种故障和灾难，提供高可靠性的服务保障。此外，云计算为企业提供了便捷的管理和维护手段。传统 IT 架构中，硬件和软件的管理和维护工作复杂且烦琐，而云计算平台则提供了统一的管理界面和自动化工具，使得资源的管理和维护变得更加简便和高效。通过自动化的运维工具，企业可以实现自动化的资源配置、监控和报警，提高运维效率，降低人工成本。

第五，云计算还促进了创新和研发。通过提供丰富的开发工具和环境，云计算平台为开发者提供了一个开放的创新平台。企业可以快速开发、测试和部署新应用，缩短产品上市周期。云计算平台还支持大数据分析和人工智能应用，提供强大的计算能力和算法支持，推动企业在数据驱动的创新领域不断前进。

（二）云计算面临的挑战

云计算虽然具有诸多优势，但是在安全、隐私、合规性和性能等方面也面临诸多挑战。

第一，安全性是云计算面临的首要问题。由于云计算环境下，数据和应用托管在第三方平台上，用户对底层基础设施的控制力降低，增加了数据泄露和攻击的风险。云服务提供商需要采取强有力的安全措施，如数据加密、访问控制和入侵检测等，以保护用户数据的安全。同时，用户也需要加强自身的安全防护措施，确保数据和应用的安全性。

第二，隐私问题同样是云计算的重大挑战。由于数据存储和处理在云端，用户的数据隐私面临泄露和滥用的风险。特别是在公有云环境中，数据可能跨国界存储和处理，增加了数据隐私保护的复杂性。用户需要了解并遵守相关的法律法规，选择具有良好隐私保护机制的云服务提供商。同时，云服务提供商需要采取严格的隐私保护措施，确保用户数据的安全和隐私。

第三，合规性问题在云计算中不容忽视。不同国家和行业有不同的数据保护和合规要求，企业在使用云计算服务时需要确保其数据存储和处理符合相关法律法规。云服务提供商需要提供合规支持，帮助企业满足其行业和地区的合规要求。企业在选择云服务提供商时，需要仔细评估其合规性和安全性，确保其能够满足自身的合规需求。

第四，性能方面的挑战主要体现在网络延迟和服务可用性上。由于云计算依赖互联网，网络延迟和带宽限制会影响应用的性能和用户体验。云服务提供商需要优化网络架构，提高数据传输速度和服务响应能力。同时，云服务的高可用性对于企业业务连续性至关重要，服务提供商需要提供可靠的冗余和容灾机制，确保服务的稳定性和可用性。

第五，锁定效应也是云计算的一大挑战。企业一旦选择某个云服务提供商，则会面临较高的切换成本和复杂的迁移过程。这种锁定效应会限制企业的灵活性和选择权。为了应对这一挑战，企业在选择云服务提供商时，需要考虑其开放性和兼容性，选择能够支持多云和混合云环境的服务提供商，避免过度依赖单一云平台。此外，云计算的使用还需要考虑数据的安全传输和存储问题。在数据传输过程中，云计算会面临数据截获和篡改的风险。云服务提供商需要采用强加密技术，确保数据在传输和存储过程中的安全性。同时，企业也需要加强数据加密和访问控制，确保数据在云端的安全存储。

第六，在云计算环境中，虚拟化技术是其基础，而虚拟机逃逸（Virtual Machine Escape）攻击则是一个潜在的安全威胁。虚拟机逃逸攻击是指攻击者通过漏洞利用，从一个虚拟机逃逸到宿主机或其他虚拟机，获取未经授权的访问权限。为了防范这种攻击，云服务提供商需要不断加强虚拟化技术的安全性，及时修复漏洞，防止虚拟机逃逸攻击的发生。

（三）云计算的合规性和法规问题

随着各国对数据隐私和安全保护的重视，各种法规和标准应运而生，这些法规对云计算提出了严格的要求。企业在使用云计算服务时，需要确保其数据存储和处理符合相关的法律法规。

比如，欧盟的 GDPR 对个人数据保护提出了严格的要求，规定了数据处理者和数据控制者的责任和义务。企业在使用云计算服务时，需要确保其数据处理活动符合 GDPR 的要求，包括数据的存储、传输和处理等方面。云服务提供商需要提供合规支持，帮助企业满足 GDPR 的要求，确保数据的安全。

美国的《健康保险可携性和责任法案》（HIPAA）则对医疗数据的保护提出了要求。企业在处理医疗数据时，需要确保其数据存储和处理符合 HIPAA 的要求，包括数据的加密、访问控制和日志记录等方面。云服务提供商需要提供合规支持，帮助企业满足 HIPAA 的要求，确保医疗数据的安全和隐私。

在金融领域，各国的金融监管机构对金融数据的保护提出了严格的要求。比如，美国的《金融现代化法案》（GLBA）和日本的《金融工具与交易法》（FIEA）等法规对金融数据的保护提出了具体的要求。企业在处理金融数据时，需要确保其数据存储和处理符合相关法规的要求。云服务提供商需要提供合规支持，帮助企业满足金融数据保护的要求，确保金融数据的安全和隐私。

云计算的跨国数据传输也面临合规性和法规问题。不同国家和地区对数据的跨国传输有不同的规定，企业在进行跨国数据传输时，需要了解并遵守相关法规。比如，欧盟的 GDPR 对数据的跨国传输提出了严格的要求，规定了数据传输的条件和措施。企业在进行跨国数据传输时，需要确保其数据处理活动符合 GDPR 的要求，确保数据的安全和隐私。为了应对合规性和法规问题，企业在使用云计算服务时，需要进行合规性评估，确保其数据存储和处理符合相关法规的要求。企业需要选择具有良好合规支持的云服务提供商，确保其能够满足自身的合规需求。云服务提供商需要不断更新和完善其合规支持，帮助企业应对不断变化的法规要求，确保数据的安全和隐私。

（四）云计算的性能优化

由于云计算依赖互联网，网络延迟和带宽限制会影响应用的性能和用户体验。云服务提供商需要优化网络架构，提高数据传输速度和服务响应能力。

在云计算环境中，网络延迟和带宽限制是影响云计算性能的主要因素。为了提高性能，云服务提供商需要采用多层次的网络架构，减少网络延迟和提高带宽利用率。比如，通过部署内容分发网络，将内容缓存到离用户较近的节点，提高数据传输速度，减少网络延迟。通过优化网络路由，选择最优路径传输数据，提高带宽利用率，提升整体性能。

资源的动态管理和调度也是云计算性能优化的重要手段。云服务提供商需要通过自动化工具，实时监控资源的使用情况，动态调整资源的配置和分配，确保资源的高效利用和应用的稳定运行。比如，通过负载均衡技术，将流量均匀分布到多个服务器，避免单点过载，提高系统的稳定性和响应速度。自动化扩展和缩减资源，能满足业务高峰期的需求，优化资源配置，降低成本。

存储性能的优化也是云计算性能优化的重要方面。由于云计算需要处理大量数据，存储性能的优化对于提升整体性能至关重要。云服务提供商需要采用高性能的存储技术，如固态硬盘和分布式存储，提供高速的数据读写能力。同时，通过数据分片和分布式文件系统，将数据分布到多个节点，提高数据的并行处理能力，提升存储性能。

云计算的性能优化还需要考虑计算资源的利用效率。在虚拟化环境中，计算资源的分配和管理对性能有重要影响。云服务提供商需要通过虚拟机调度和资源隔离技术，优化计算资源的利用效率，避免资源占用和性能瓶颈。比如，企业通过优化虚拟机调度算法，提高虚拟机的启动和迁移速度，确保计算资源的高效利用。企业通过资源隔离技术，确保不同用户和应用之间的资源独立性，避免资源争用和性能下降。为了实现性能优化，企业在使用云计算服务时，也需要采取相应的措施。比如，企业通过性能监控工具，实时监控应用的性能和资源使用情况，及时发现和解决性能瓶颈。企业通过性能测试和调优，优化应用的代码和架构，提高应用的运行效率和响应速度。企业通过选择合适的云服务提供商，确保其能够提供高性能的计算资源和优化方案，满足业务的性能需求。企业通过不断优化网络架构、资源管理、存储性能和计算资源利用效率，云计算能够提供高性能的计算服务，满足用户的需求。随着技术的发展，云计算的性能优化手段将不断创新和改进，为用户提供更加高效和稳定的计算环境。

（五）云计算的未来发展

云计算作为现代信息技术的重要组成部分，其未来发展充满了无限可能。

人工智能和大数据是云计算未来发展的重要方向。通过云计算平台，企业可以高效地处理和分析海量数据，利用人工智能技术进行智能化的数据处理和决策分析。云计算平台提供的高性能计算资源和算法支持，将推动人工智能和大数据应用的不断创新和发展，为企业提供更加智能和高效的解决方案。

物联网和边缘计算也是云计算未来发展的重要方向。随着物联网设备的普及和边缘计算技术的发展，云计算将与物联网和边缘计算相结合，提供更加灵活和高效的计算服务。通过边缘计算，云计算将计算和存储资源分布到网络边缘，提高数据处理的实时性和响应速度，满足物联网应用的需求。云计算将与物联网和边缘计算相互融合，推动智能制造、智慧城市和智能交通等领域的快速发展。

区块链技术也是云计算未来发展的重要方向。区块链作为一种去中心化的分布式账本技术，与云计算相结合，可以提供更加安全和透明的计算服务。通过区块链技术，云计算可以实现数据的可信存储和共享，提高数据的安全性和隐私性。区块链与云计算相结合，将推动金融科技、供应链管理和数字身份等领域的创新应用。

云计算的未来发展还将受到新型网络技术的推动。比如，5G 网络的普及将为云计算提供更加高速和低延迟的网络环境，提升云计算的性能和用户体验。通过 5G 网络，云计算可以实现实时和更加高效的数据传输，满足移动互联网和物联网应用的需求。新型网络技术的发展，将为云计算的未来发展提供坚实的基础和广阔的空间。

云计算的未来发展还需要应对新的安全挑战。随着云计算的普及和应用场景的不断拓展，云计算面临的安全威胁和风险不断增加。未来，云计算将通过更先进的安全技术和管理手段，提高数据和应用的安全性，确保用户的数据隐私和业务的连续性。比如，通过量子加密技术，提高数据的加密强度，防范量子计算机的攻击。通过零信任安全架构，实现全面的安全防护，防止内部和外部的安全威胁。

总之，云计算的未来有无限可能。通过不断创新和发展，云计算将继续发挥其强大的技术优势，推动各行各业的数字化转型和创新发展。未来，云计算将与人工智能、物联网、边缘计算、区块链等新兴技术相结合，为用户提供更加智能、高效和安全的计算服务，推动社会和经济的进步与发展。

三、云计算安全模型与框架

（一）云计算安全模型概述

云计算安全模型是指一系列用于保护云计算环境中数据、应用和基础设施的策略、技术和措施。随着云计算的普及，安全问题成为企业和用户关注的焦点。云计算安全模型旨在为云环境提供系统性的安全防护，涵盖身份认证、访问控制、数据保护、网络安全、威胁检测和响应等方面。

身份认证是云计算安全模型的基础。它确保只有经过授权的用户才能访问云服务和资源。身份认证技术包括密码认证、多因素认证和生物识别技术等。密码认证虽然得到广泛使用，但仍存在易被破解和泄露的风险。多因素认证通过结合密码、短信验证码和生物特征等多种认证方式，提高了安全性。生物识别技术利用用户的生物特征，如指纹、面部和虹膜进行身份验证，具有高安全性和便利性。

访问控制是云计算安全模型的重要组成部分。它通过定义和管理用户对云资源的访问权限，确保只有具有适当权限的用户才能访问和操作资源。访问控制模型包括自主访问控制、强制访问控制和基于角色的访问控制等。自主访问控制允许资源所有者自主决定访问权限，灵活性较高。强制访问控制则根据安全策略强制执行访问控制规则，安全性较强。基于角色的访问控制通过角色定义权限，简化了权限管理，提高了管理效率。

数据保护是云计算安全模型的核心。数据在云环境中的存储和传输过程中，面临泄露、篡改和丢失等风险。数据保护技术包括数据加密、数据备份和数据去重等技术。数据加密通过加密算法将数据转化为密文，防止未经授权的访问和解读。数据备份则通过定期备份数据，确保数据在意外丢失时能够恢复。数据去重技术通过消除冗余数据，提高存储效率，降低存储成本。

网络安全是云计算安全模型的关键环节。在云计算环境下，数据通过网络进行传输，网络安全直接关系数据的安全性。网络安全技术包括防火墙、入侵检测系统、入侵防御系统和虚拟专用网络等。防火墙通过过滤网络流量，阻止未经授权的访问。入侵检测系统和入侵防御系统通过监控网络流量，检测并响应网络攻击。虚拟专用网络通过加密通道，确保数据在传输过程中的安全性。

威胁检测和响应是云计算安全模型的前沿。随着网络攻击技术的不断演进，云计算环境面临的安全威胁日益复杂。威胁检测和响应技术包括安全信息和事件管理、行为分析和机器学习等。安全信息和事件管理系统通过收集和分析安全事件，及时发现和响应安全威胁。行为分析通过分析用户和系统的行为模式，检测异常行为。机器学习通过训练模型，自动检测和识别潜在威胁，提高检测效率和准确性。

（二）云计算安全框架的组成

云计算安全框架是指一系列用于指导和规范云计算安全实践的标准、规范和最佳实践。它为企业和用户提供了系统性的安全指导，确保云计算环境的安全性和合规性。云计算安全框架的组成包括安全策略、安全架构、安全运营和安全评估等方面。

安全策略是云计算安全框架的基础。它通过制定和实施安全策略，规范云计算环境中的安全行为和措施。安全策略包括安全目标、安全原则、安全标准和安全流程等。安全目标定义了云计算环境中安全保护的目标和范围。安全原则指导安全措施的实施，确保安全措施的一致性和有效性。安全标准通过定义安全要求和规范，确保安全措施的可操作性。安全流程通过定义安全操作的步骤和流程，确保安全措施的系统性和可控性。

安全架构是云计算安全框架的重要组成部分。它通过设计和实施安全架构，确保云计算环境的安全性和可靠性。安全架构包括身份管理和访问控制、数据保护、网络安全和应用安全等方面。身份管理和访问控制通过定义和管理用户的身份和权限，确保只有经过授权的用户才能访问云资源。数据保护通过加密、备份和去重等技术，确保数据的机密性、完整性和可用性。网络安全通过防火墙、入侵检测和虚拟专用网络等技术，确保数据在传输过程中的安全性。应用安全通过安全开发和测试等措施，确保应用程序的安全性和可靠性。

安全运营是云计算安全框架的关键环节。它通过实施和管理安全运营，确保云计算环境的持续安全。安全运营包括安全监控、安全响应、安全维护和安全培训等方面。安全监控通过实时监控云计算环境中的安全事件，及时发现和响应安全威胁。安全响应通过制订和实施响应计划，及时处理和恢复安全事件。安全维护通过定期检查和更新安全措施，确保安全措施的有效性和持续性。安全培训通过培训和教育，增强员工的安全意识和技能，减少人为因素导致的安全风险。

安全评估是云计算安全框架的保障。它通过定期进行安全评估，确保云计算环境的安全性和合规性。安全评估包括安全审计、安全测试和安全认证等方面。安全审计通过检查和评估安全措施的实施情况，识别和修复安全漏洞。安全测试通过模拟攻击和压力测试，验证安全措施的有效性和可靠性。安全认证通过第三方认证，确保云计算环境符合相关的安全标准和法规要求。

（三）云计算安全模型与框架的实施

云计算安全模型与框架的实施是确保云计算环境安全性的关键。企业在实施过程中需要结合实际情况，制定和实施适合的安全策略和措施，确保安全模型与框架的有效性和可操作性。

企业在实施云计算安全模型与框架之前，首先需要进行安全需求分析。通过分析企业的业务需求和安全风险，确定云计算环境中需要保护的资产和威胁。基于安全需求分析，制定相应的安全策略和措施，确保安全模型与框架的实施具有针对性和有效性。

身份认证和访问控制是云计算安全模型与框架实施的基础。企业通过选择适合的身份认证技术，如密码认证、多因素认证和生物识别技术，确保用户身份的真实性和可靠性；通过定义和管理用户的访问权限，确保只有经过授权的用户才能访问和操作云资源；通过定期审计和更新访问权限，确保访问控制的有效性和及时性。

数据保护是云计算安全模型与框架实施的核心。企业通过实施数据加密技术，确保数据在存储和传输过程中的机密性；通过定期备份数据，确保数据在意外丢失时能够恢复；通过实施数据去重技术，提高存储效率，降低存储成本；通过定期审计和测试数据保护措施，确保数据的机密性、完整性和可用性。

网络安全是云计算安全模型与框架实施的关键环节。企业通过部署防火墙、入侵检测系统和虚拟专用网络，确保数据在传输过程中的安全性；通过实施网络分段和访问控制策略，减小安全威胁的传播范围；通过定期审计和更新网络安全措施，确保网络安全的有效性和持续性。

威胁检测和响应是云计算安全模型与框架实施的前沿。企业通过部署安全信息和事件管理系统，收集和分析安全事件，及时发现和响应安全威胁；通过实施行为分析和机器学习技术，检测异常行为，提高威胁检测效率和准确性；通过制订和实施响应计划，及时处理和恢复安全事件，确保业务的连续性和稳定性。

在实施云计算安全框架过程中，安全运营和安全评估是关键。企业通过实时监控和管理安全事件，确保云计算环境的持续安全；通过定期进行安全审计和测试，识别和修复安全漏洞，提高安全措施的有效性；通过第三方认证，确保云计算环境符合相关的安全标准和法规要求。云计算安全模型与框架的实施还需要加强安全培训和教育。企业通过定期培训和教育，增强员工的安全意识和技能，减少人为因素导致的安全风险；通过制订和实施安全培训计划，确保员工了解和掌握最新的安全技术和措施，提高安全管理的整体水平。

综合来看，云计算安全模型与框架的实施需要综合考虑企业的实际情况，结合先进的安全技术和管理措施，确保云计算环境的安全性和合规性。企业通过科学的安全需求分析、身份认证和访问控制、数据保护、网络安全、威胁检测和响应、安全运营和安全评估等措施，构建系统性的云计算安全模型与框架，为企业和用户提供安全可靠的云计算服务保障。

第二节　大数据安全技术

大数据技术的发展使得数据安全问题更加复杂。本节将探讨大数据的特点和主要安全隐患，介绍大数据环境下的数据保护措施，包括存储安全、传输安全和数据隐私保护等方面。

一、大数据的技术概述

大数据是一种描述和分析大量数据集合的术语，这些数据集合由于其规模、复杂性和增长速度，超出了传统数据处理技术的能力范围。大数据不仅涉及数据量的巨大，还包括数据类型的多样性、处理速度的快速性以及数据价值的潜在性。

（一）大数据的特点

大数据不是数据量的简单堆积，而是具有复杂结构和多重特性的综合体。大数据的特点可以从多个方面进行详细分析，以更好地理解其复杂性和价值。

大数据的规模巨大。这一特点不仅体现在数据量的庞大上，还包括数据生成速度的迅速增长。互联网、社交媒体、物联网和移动设备等技术的发展，使得数据生成量呈现指数级增长。每分钟，全球生成的数据量已经达到 PB 级别。这种海量数据的存储、管理和分析，超出了传统技术的能力范围，必须依赖大数据技术和分布式计算架构。

数据类型多样是大数据的另一个显著特点。大数据不仅包括结构化数据，还包括大量的非结构化和半结构化数据。结构化数据是指具有固定格式的数据，如关系数据库中的表格数据。而非结构化数据则包括文本、图像、音频和视频等，这些数据没有固定的结构。半结构化数据介于两者之间，如 XML 和 JSON 格式的数据。处理这些多样化的数据类型，需要使用不同的技术和方法，如文本分析、图像识别和语音处理等。

大数据的处理速度要求高。现代社会，实时数据和流动数据的比例不断增大，需要快速处理和分析，以便及时做出响应。传统的数据处理技术难以满足这一需求，大数据技术通过实时流处理和内存计算，提高了数据处理速度和效率。实时处理能力使企业和组织能够在数据生成的同时进行分析和决策，显著提高了业务的敏捷性和响应速度。

数据的真实性和质量是大数据处理中的关键问题。由于数据来源的多样性和复杂性，数据质量参差不齐，包括噪声、冗余和不一致等问题。这些问题不仅影响数据分析的准确性，还可能导致错误的决策。大数据技术通过数据清洗、数据融合和数据验证等方法，提高数据质量和可靠性。

数据的潜在价值是大数据的核心特征。大数据技术通过对海量数据的分析和挖掘，发现数据中隐藏的模式和趋势，从而提取有价值的信息和知识。这些信息和知识可以帮助企业和组织改进业务流程、优化资源配置、提升客户体验和创新产品和服务。数据挖掘、机器学习等技术在大数据分析中发挥重要作用。

（二）大数据的应用场景

大数据在各个行业和领域中得到了广泛应用，推动了业务模式的创新和优化。其应用场景涵盖金融、医疗、交通、零售、制造等行业，展现了大数据在实际应用中的巨大潜力。

金融行业是大数据应用最广泛的领域之一。通过对海量金融数据的分析，银行和金融机构可以进行风险管理、信用评估和市场预测等。大数据技术帮助金融机构识别欺诈行为、优化投资组合和制定个性化的金融产品。金融市场的实时数据分析，使得金融机构能够迅速响应市场变化，抓住投资机会。

医疗领域的大数据应用取得了显著成效。通过对患者数据、医学影像和基因数据的分析，医疗机构可以进行疾病预防、诊断和治疗。大数据技术帮助医生制定个性化治疗方案，提高诊断的准确性和治疗效果。公共卫生领域通过对流行病数据的分析，政府机构可以及时采取措施，防止疾病的传播和扩散。

交通行业的大数据应用显著提升了交通管理和出行体验。通过对车辆、道路和气象数据的实时分析，交通管理部门可以优化交通流量，减少交通拥堵。智能交通系统利用大数据技术，实现了交通信息的实时发布和车辆调度的智能化。出行服务公司通过大数据分析，为用户提供个性化的出行建议和路线规划，提高出行效率和舒适度。

零售行业的大数据应用推动了营销和服务的个性化。通过对消费者行为数据的分析，零售企业可以制定精准的营销策略，提高客户满意度和忠诚度。大数据技术帮助零售企业优化库存管理，减少库存成本。在线购物平台通过大数据分析，为用户推荐个性化商品，提升购物体验和销售额。

制造业的大数据应用促进了生产过程的优化和智能化。通过对生产设备、工艺流程和产品质量数据的分析，制造企业可以优化生产计划，提高生产效率和产品质量。大数据技术帮助制造企业实现设备的预测性维护，减少设备故障和停机时间。工业互联网平台通过大数据分析，实现了生产过程的全流程监控和管理，提高了制造业的智能化水平。

（三）大数据的技术架构

大数据的技术架构是其实现和应用的基础。大数据架构通常包括数据采集、数据存储、数据处理和数据分析等层次，每个层次都有其特定的技术和工具。

数据采集是大数据技术架构的起点。数据采集技术包括传感器网络、物联网设备、社交媒体接口和日志采集工具等。通过这些技术，企业和组织可以实时获取各种来源的数据，为后续的存储和处理提供基础。

数据存储是大数据技术架构的核心。大数据存储技术包括分布式文件系统、NoSQL 数据库和云存储等。分布式文件系统如 HDFS，通过数据分片和冗余存储，实现了海量数据的可靠存储和快速访问。NoSQL 数据库如 MongoDB 和 Cassandra，通过灵活的数据模型和高并发访问，满足了大数据存储的多样性和高性能需求。云存储通过按需扩展和弹性计费，为大数据存储提供了灵活和经济的解决方案。

数据处理是大数据技术架构的关键环节。大数据处理技术包括批处理、流处理和内存计算等。批处理技术如 MapReduce，通过将数据分片并行处理，实现了大规模数据的高效处理。流处理技术如 Apache Storm 和 Apache Flink，通过实时处理数据流，实现了数据的实时分析和响应。内存计算技术如 Apache Spark，通过将数据加载到内存中处理，提高了数据处理速度和效率。

数据分析是大数据技术架构的最终目标。大数据分析技术包括数据挖掘、机器学习和人工智能等。数据挖掘通过对数据进行模式识别和关联分析，发现数据中的潜在价值。机器学习通过训练模型，实现数据的预测和分类。深度学习和神经网络则实现了复杂数据的智能分析和决策支持。大数据分析技术在各个行业得到了广泛应用，推动了业务的创新和优化。

（四）大数据的未来发展

大数据技术的快速发展，预示着其未来具有广阔的前景和潜力。随着技术的日益进步和应用场景的不断拓展，大数据将在更多领域发挥重要作用。

人工智能和大数据相结合，是未来发展的重要方向。通过大数据提供的海量数据和计算资源，人工智能技术将得到更广泛的应用和发展。大数据为人工智能提供了训练数据和算法支持，推动了智能分析和决策的进步。未来，人工智能与大数据的深度融合，将推动智能制造、智慧城市和智能医疗等领域的快速发展。

物联网和大数据相结合，是未来发展的另一个重要方向。随着物联网设备的普及，海量数据将通过物联网设备生成和传输。大数据技术为物联网数据的存储、处理和分析提供了强有力的支持。未来，物联网与大数据相结合，将推动智能家居、智能交通和智能农业等领域的创新应用。

数据隐私和伦理问题将成为未来发展的重要议题。随着大数据技术的广泛应用，数据伦理和法律问题日益凸显。如何在数据采集、存储和使用过程中，遵守伦理和法律规范，是大数据技术和应用面临的重要挑战。未来，数据伦理和法律规范将不断完善，为大数据的发展提供保障。

在科研和教育领域，大数据技术将发挥越来越重要的作用。通过大数据分析，科研人员可以更好地理解和揭示复杂的科学问题，推动科学研究的进步。教育领域通过大数据分析，可以实现个性化教育，提高教学效果和学生的学习体验。未来，大数据技术将在推动教育公平和提升科研水平方面发挥重要作用。

二、大数据安全隐患与挑战

（一）数据隐私泄露风险

大数据技术的应用带来了前所未有的数据收集和分析能力，但也存在数据隐私泄露的风险。大量用户数据，包括个人身份信息、金融数据和行为数据，被广泛收集和存储。一旦这些数据被未经授权的访问者获取，可能导致严重的隐私侵害和经济损失。数据隐私泄露不仅影响个人隐私，还可能引发法律和道德问题，损害企业的声誉和信任度。

在数据收集过程中，用户往往难以察觉自己的数据被收集和使用的方式。许多应用和服务在获取用户同意时，并未详细说明数据的具体用途和保护措施。即使在数据收集过程中采取了一些隐私保护措施，数据在存储和传输中的保护依然面临巨大挑战。加密技术和访问控制虽然可以提高数据的安全性，但仍无法完全消除数据被窃取和滥用的风险。

数据的匿名化和去标识化技术是保护数据隐私的重要手段。然而，这些技术

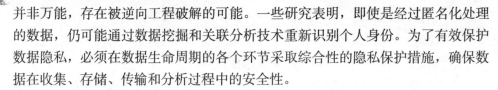

并非万能，存在被逆向工程破解的可能。一些研究表明，即使是经过匿名化处理的数据，仍可能通过数据挖掘和关联分析技术重新识别个人身份。为了有效保护数据隐私，必须在数据生命周期的各个环节采取综合性的隐私保护措施，确保数据在收集、存储、传输和分析过程中的安全性。

（二）数据完整性和准确性问题

数据的完整性和准确性是大数据应用的基础。然而，在大数据环境中，数据来源广泛、数据类型复杂，数据的质量和一致性难以保证。数据完整性和准确性问题不仅影响数据分析的结果，还可能导致错误的决策和策略。

数据采集过程中，传感器故障、网络问题和人为错误等因素都可能导致数据丢失、重复或错误。数据存储过程中，系统故障、硬件损坏和网络攻击等也可能破坏数据的完整性。数据传输过程中，受到网络延迟、数据包丢失和篡改等威胁，可能导致数据不一致或被篡改。

数据清洗和预处理技术可以在一定程度上提高数据质量，但仍无法完全消除数据的噪声和错误。数据融合技术通过整合来自不同来源的数据，提供更全面和准确的信息，但也可能引入新的不一致和冲突。为了保证数据的完整性和准确性，企业必须采用多层次的数据验证和校验机制，从数据采集、存储、传输到分析的各个环节，确保数据的可靠性。

（三）数据存储和管理挑战

大数据的存储和管理面临巨大的挑战。随着数据量的爆炸式增长，传统的存储系统难以满足大规模数据的存储需求。分布式存储系统和云存储技术虽然提供了高效的存储解决方案，但也带来了新的安全隐患和管理难题。

分布式存储系统通过将数据分片存储在多个节点，提高了数据的可用性和访问速度。然而，数据分片和冗余存储机制增加了数据管理的复杂性。一旦某个节点发生故障，数据的恢复和一致性维护将变得非常困难。为了提高数据存储的可靠性，必须采用高级的数据冗余和备份策略，同时增强系统的容错能力。

云存储技术提供了弹性和高效的数据存储解决方案，但也面临数据安全和隐私保护的挑战。数据在云端存储时，用户对底层硬件和存储介质的控制力减弱，增加了数据被泄露和篡改的风险。为了保障数据在云端的安全，必须采用数据加密、访问控制和数据隔离等技术，确保数据在存储和访问过程中的安全性。

（四）数据传输安全问题

数据在传输过程中面临多种安全威胁，包括数据包截获、篡改和重放攻击等。这些威胁不仅影响数据的完整性和保密性，还会导致数据泄露和滥用。为了保障数据传输的安全性，企业必须采用多层次的传输安全措施。

数据加密技术是保护数据传输安全的基本手段。通过加密算法，将数据在传输过程中转化为不可读的密文，防止数据被截获和解读。常见的数据加密技术包括对称加密和非对称加密，对称加密速度快但密钥管理复杂，非对称加密安全性高但计算量大。二者结合使用可以兼顾传输速度和安全性。

数据完整性校验技术通过对数据进行哈希运算，生成唯一的校验码，确保数据在传输过程中未被篡改。数据接收方通过对接收的数据进行哈希运算，并与发送方提供的校验码进行比对，可以验证数据的完整性和真实性。常用的哈希算法包括 MD5、SHA–1 和 SHA–256 等。

安全传输协议是保障数据传输安全的重要机制。常见的安全传输协议包括 SSL/TLS、IPSec 和 SSH 等。这些协议通过建立加密通道，确保数据在传输过程中的保密性和完整性。SSL/TLS 协议广泛应用于 HTTPS 等安全通信场景，IPSec 协议用于 VPN 等网络安全应用，SSH 协议用于安全的远程登录和数据传输。

（五）内部威胁与访问控制

内部威胁是大数据安全面临的重要挑战之一。内部威胁主要来自拥有合法访问权限的内部人员，这些人员可能因有意或无意的行为导致数据泄露、篡改或破坏。内部威胁的隐蔽性和危害性使其成为大数据安全防护的难点。为了防范内部威胁，必须采用严格的访问控制措施。基于角色的访问控制是一种常用的访问控制模型，通过定义角色和角色的权限，控制用户对数据和资源的访问。RBAC 模型灵活且易于管理，适用于复杂的组织结构和权限需求。

多因素认证通过结合多种认证方式，提高了用户身份验证的安全性。常见的多因素认证方式包括密码、短信验证码、智能卡和生物识别技术等。多因素认证可以有效防止身份盗用和未经授权的访问，增强数据和系统的安全性。

行为分析技术通过监控和分析用户行为，识别异常行为和潜在威胁。行为分析系统可以根据用户的行为模式，建立正常行为基线，当检测到异常行为时，发出警报并采取相应措施。行为分析技术可以有效发现内部威胁，提高数据安全的防护能力。

（六）大数据安全管理策略

大数据安全管理策略是保障大数据环境安全的重要措施。一个完善的安全管理策略包括风险评估、安全政策制定、安全技术实施和安全事件响应等方面。

风险评估是安全管理的基础。通过对大数据环境中的威胁和脆弱性进行评估，确定数据和系统的安全风险。风险评估帮助组织识别和优先处理安全问题，制定有效的安全防护措施。风险评估应定期进行，以应对不断变化的安全威胁。

安全政策制定是安全管理的重要环节。安全政策通过明确安全目标、原则和要求，规范组织的安全行为和措施。安全政策应涵盖数据保护、访问控制、传输安全和事件响应等方面。安全政策的制定应结合组织的业务需求和安全风险，确保政策的可行性和有效性。

安全技术实施是保障大数据安全的关键。通过采用先进的安全技术和工具，可提高数据和系统的防护能力。安全技术应覆盖数据生命周期的各个环节，包括数据采集、存储、传输和处理。常用的安全技术包括数据加密、访问控制、行为分析和安全审计等。

安全事件响应是处理安全事件的重要机制。企业通过制订和实施安全事件响应计划，及时发现、处理和恢复安全事件。安全事件响应计划应包括事件检测、事件评估、事件处理和事件恢复等环节。组织应建立专门的安全事件响应团队，确保在发生安全事件时能够迅速有效地应对。

（七）数据伦理与法律挑战

大数据技术的发展带来了数据伦理和法律方面的挑战。随着数据收集和分析能力的增强，数据隐私和数据滥用问题日益突出。如何在利用数据价值的同时，保护个人隐私和数据权利，成为大数据技术和应用面临的重要课题。

数据伦理是大数据应用的道德基础。数据伦理要求在数据收集、存储和使用过程中，尊重个人隐私和数据权利。数据伦理问题包括数据收集的透明度、数据使用的公正性和数据保护的责任性。组织应建立和遵循数据伦理准则，确保数据处理活动符合伦理要求。

数据法律是大数据应用的法律保障。各国和地区制定了不同的数据保护法律法规，规范数据收集、存储和使用行为。常见的数据保护法律包括欧盟的《通用数据保护条例》（GDPR）、美国的《健康保险可携性和责任法案》（HIPAA）和中国的《中华人民共和国网络安全法》等。组织在使用大数据技术时，应遵守相关的法律法规，确保数据处理活动的合法性。

数据跨境流动是大数据法律面临的复杂问题。不同国家和地区对数据跨境流动有不同的规定，企业在进行跨国数据传输和处理时，必须遵守相关的法律法规。为了保障数据跨境流动的合法性，企业应与相关国家和地区的监管机构合作，制定和实施合规的跨境数据流动策略。

数据主权是大数据法律和伦理面临的新挑战。数据主权指的是国家对其境内数据的控制权和管理权。随着数据成为重要的战略资源，各国对数据主权的重视程度不断提高。在全球化和数字化背景下，如何平衡数据主权与数据流动的需求，成为大数据法律和伦理的重要课题。

（八）新兴技术与大数据安全

新兴技术的发展对大数据安全提出了新的挑战和机遇。人工智能、物联网和区块链等新兴技术的应用，既为大数据安全提供了新的解决方案，也带来了新的安全风险。

人工智能在大数据安全中的应用前景广阔。通过机器学习和深度学习，人工智能可以自动识别和检测安全威胁，提高威胁检测效率和准确性。人工智能技术还可以用于行为分析和异常检测，发现潜在的安全威胁和内部风险。然而，人工智能技术本身也面临安全风险，如对抗样本攻击和模型窃取等问题。为了有效应用人工智能技术，企业必须同时关注其安全性和可靠性。

物联网的发展带来了数据量的爆炸式增长和数据类型的多样化。物联网设备通过传感器和网络，实时生成和传输大量数据，为大数据分析提供了丰富的数据源。然而，物联网设备的安全性较低，容易成为攻击的目标。一旦物联网设备被攻击，则会导致数据泄露和系统破坏。为了保障物联网环境下的大数据安全，必须加强物联网设备的安全防护，采用数据加密、访问控制和安全更新等措施。

区块链技术为大数据安全提供了新的解决方案。区块链通过分布式账本和加密技术，实现了数据的不可篡改和可追溯。区块链技术可以用于数据存证、身份认证和数据共享，提高数据的安全性和可信性。然而，区块链技术在应用中也面临性能和隐私保护等挑战。为了有效应用区块链技术，必须结合实际需求，选择合适的技术方案和应用场景。

三、大数据安全保护措施

（一）数据加密技术

数据加密技术是大数据安全保护的基础，通过将明文数据转化为密文数据，防止未经授权的访问和篡改。数据加密技术分为对称加密和非对称加密两种类型。对称加密使用相同的密钥进行加密和解密，具有速度快、计算量小的特点。常见的对称加密算法包括 AES、DES 和 3DES。AES 因其高效性和安全性被广泛应用于大数据环境中。

非对称加密使用一对密钥（公钥和私钥）进行加密和解密，公钥用于加密，私钥用于解密，反之亦然。非对称加密具有更高的安全性，但计算量较大，常用于数据传输过程中的密钥交换和数字签名。RSA、DSA 和 ECC 是常见的非对称加密算法。RSA 因其安全性和成熟度，被广泛应用于大数据传输和存储过程中。

混合加密技术结合了对称加密和非对称加密的优点，用于提高大数据的安全性和效率。在数据传输过程中，使用非对称加密算法进行密钥交换，确保密钥的

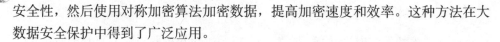

安全性，然后使用对称加密算法加密数据，提高加密速度和效率。这种方法在大数据安全保护中得到了广泛应用。

（二）访问控制机制

访问控制机制通过定义和管理用户对数据资源的访问权限，确保只有经过授权的用户才能访问和操作数据。基于角色的访问控制（RBAC）是一种常见的访问控制模型，通过定义角色和角色的权限，控制用户对数据和资源的访问。RBAC 模型灵活且易于管理，适用于复杂的组织结构和权限需求。

多因素认证通过结合多种认证方式，提高了用户身份验证的安全性。常见的多因素认证方式包括密码、短信验证码、智能卡和生物识别技术等。多因素认证可以有效防止身份盗用和未经授权的访问，增强数据和系统的安全性。

行为分析技术通过监控和分析用户行为，识别异常行为和潜在威胁。行为分析系统可以根据用户的行为模式，建立正常行为基线，当检测到异常行为时，发出警报并采取相应措施。行为分析技术可以有效发现内部威胁，提高数据安全的防护能力。

（三）数据备份与恢复

数据备份与恢复是确保数据安全和业务连续性的关键措施。通过定期备份数据，企业可以在数据丢失或损坏时，快速恢复数据，减少业务中断和损失。数据备份的类型包括全量备份、增量备份和差异备份。

全量备份是指对所有数据进行完整备份，尽管占用存储空间大，但恢复速度快。增量备份只备份自上次备份以来发生变化的数据，节省存储空间和备份时间。差异备份则备份自上次全量备份以来发生变化的数据，兼顾了存储效率和恢复速度。

数据恢复策略的制定和实施对于大数据环境中的数据安全至关重要。恢复策略应包括数据恢复的优先级、恢复时间目标和恢复过程中的资源分配。通过定期进行数据恢复演练，企业可以验证备份和恢复策略的有效性，确保在实际发生数据丢失时能够快速恢复数据。

（四）数据脱敏与匿名化

数据脱敏与匿名化技术在保护数据隐私和机密性方面发挥重要作用。数据脱敏通过对敏感数据进行处理，去除或模糊化敏感信息，确保数据在使用和共享过程中不泄露个人隐私。常见的数据脱敏方法包括字符替换、数据掩码和数据随机化。

匿名化技术通过删除或改变数据中的个人标识信息，使得数据无法直接关联到个人。常见的匿名化方法包括聚合、泛化和扰动。聚合是指将多个数据记录合并，生成汇总数据，防止单个记录被识别。泛化是将具体的数值或分类信息替换为更广泛的类别，减少数据的细节。扰动是通过添加噪声或随机变化，使得数据无法被精确识别。尽管数据脱敏和匿名化技术能够有效保护数据隐私，但仍存在被逆向工程破解的风险。为了提高数据隐私保护的效果，通常需要结合多种技术和方法，制定综合性的隐私保护策略。

（五）数据完整性验证

数据完整性验证技术通过检测数据在传输和存储过程中的变化，确保数据的准确性和一致性。哈希函数是常用的数据完整性验证工具，通过对数据进行哈希运算，生成唯一的校验码，确保数据未被篡改。常用的哈希算法包括 MD5、SHA–1 和 SHA–256。

数字签名技术通过对数据和哈希值进行加密，生成签名，确保数据的完整性和真实性。接收方通过解密签名并验证哈希值，可以确认数据未被篡改且来源可信。数字签名技术广泛应用于大数据的传输和存储过程中，提高数据的安全性。

公钥基础设施通过管理公钥和私钥的生成、分发和验证，确保数字签名和加密的安全性和可靠性。PKI 系统包括认证机构、注册机构和证书吊销列表等组件，为大数据环境中的数据完整性和安全性提供了保障。

（六）安全监控与日志管理

安全监控与日志管理是大数据安全保护的重要组成部分。通过实时监控数据和系统的运行状态，可以及时发现和响应安全事件，减少安全风险和损失。日志管理通过记录和分析系统日志，提供数据访问和操作的追溯能力，提高系统的透明度和安全性。

安全信息和事件管理（SIEM）系统通过收集和分析安全事件数据，提供集中化的安全监控和管理。SIEM 系统能够实时检测和响应安全事件，提供威胁情报和安全态势感知，帮助组织及时应对安全威胁。

日志管理系统通过对系统日志的收集、存储和分析，提供数据访问和操作的审计能力。日志管理系统可以帮助组织发现异常行为和潜在威胁，提高数据安全的防护能力。为了确保日志数据的安全性和完整性，日志管理系统应采用数据加密和访问控制等技术。

（七）安全事件响应与应急预案

安全事件响应与应急预案是处理和恢复安全事件的重要措施。通过制定和实施安全事件响应计划，可以及时发现、处理和恢复安全事件，减少安全事件对业务的影响。

安全事件响应计划应包括事件检测、事件评估、事件处理和事件恢复等环节。在事件检测阶段，安全监控系统和日志管理系统通过实时监控和分析，发现安全事件。在事件评估阶段，安全团队对事件的性质和影响进行评估，确定事件的优先级和处理方案。在事件处理阶段，安全团队根据处理方案，采取相应的措施，遏制和消除安全威胁。在事件恢复阶段，安全团队通过数据恢复和系统修复，恢复业务的正常运行。

应急预案是安全事件响应计划的补充和完善，通过制定和演练应急预案，可以提高组织应对突发安全事件的能力。应急预案应包括应急组织、应急资源、应急程序和应急演练等内容。应急组织负责应急预案的制定和实施；应急资源包括应急设备和工具；应急程序包括应急操作和恢复步骤；应急演练通过模拟安全事件，验证和完善应急预案。

（八）安全教育与培训

安全教育与培训是增强员工安全意识和技能的重要手段。通过定期的安全教育和培训，组织可以增强员工的安全意识，减少人为因素导致的安全风险。

安全教育内容应包括数据保护、访问控制、传输安全和事件响应等方面，帮助员工了解和掌握基本的安全知识和技能。安全培训应结合实际工作环境，通过案例分析和模拟演练，提高员工的安全操作能力和应急响应能力。

组织应建立和实施安全教育与培训计划，确保所有员工都能接受和参与安全教育与培训。通过不断的教育和培训，组织可以形成良好的安全文化，提高组织整体的安全防护水平。

（九）新兴技术的应用与挑战

新兴技术在大数据安全保护中具有重要作用，但也带来了新的挑战。人工智能、物联网和区块链等技术的应用，既为大数据安全提供了新的解决方案，也带来了新的安全风险。

人工智能技术在大数据安全中的应用前景广阔。人工智能技术可以用于行为分析和异常检测，发现潜在的安全威胁和内部风险。然而，人工智能技术本身也面临安全风险，如对抗样本攻击和模型窃取等问题。为了有效应用人工智能技术，组织必须同时关注其安全性和可靠性。

物联网的发展带来了数据量的爆炸式增长和数据类型的多样化。物联网设备通过传感器和网络，实时生成和传输大量数据，为大数据分析提供了丰富的数据源。然而，物联网设备的安全性较低，容易成为攻击的目标。一旦物联网设备被攻击，则会导致数据泄露和系统破坏。为了保障物联网环境下的大数据安全，组织必须加强物联网设备的安全防护，采用数据加密、访问控制和安全更新等措施。

区块链技术为大数据安全提供了新的解决方案。区块链通过分布式账本和加密技术，实现了数据的不可篡改和可追溯。区块链技术可以用于数据存证、身份认证和数据共享，提高数据的安全性和可信性。然而，区块链技术在应用中也面临性能和隐私保护等挑战。为了有效应用区块链技术，组织必须结合实际需求选择合适的技术方案和应用场景。

对大数据安全技术的研究，使我们认识到其独特的安全需求。理解大数据的特点和主要安全隐患，可以为设计和实施有效的数据保护措施提供指导。

第三节 云计算与大数据安全的结合

云计算与大数据的结合带来了复杂的安全问题。本节将分析云计算环境中的大数据安全需求，介绍如何在云计算平台实现数据的安全存储和处理。理解这些结合点，有助于设计综合性的安全解决方案。

一、云计算环境下的大数据安全

（一）云计算环境中的数据安全挑战

云计算为大数据处理提供了强大的计算和存储能力，但也带来了显著的数据安全挑战。一是数据在云环境中面临的最大挑战是数据的集中化存储。云计算将大量数据集中存储在数据中心，这种集中化使得数据成为攻击者的重点目标。任何一个数据中心的安全漏洞，都会导致大量敏感数据的泄露；二是云计算环境中的数据传输安全也存在隐患。数据在云环境中的传输路径复杂，涉及多层网络和多个节点。尽管传输过程中通常使用加密技术，但中间节点的安全性难以完全保障。一旦传输路径中的某个节点被攻破，数据仍可能被截获或篡改。

另外，云服务提供商的多租户架构也带来了数据隔离和访问控制的难题。在多租户环境中，多个客户共享同一物理资源，如何确保不同客户的数据相互隔离，是云计算安全的核心问题。尽管虚拟化技术在一定程度上解决了数据隔离问题，但虚拟机逃逸和资源共享带来的安全风险依然存在。

（二）云计算中的身份认证与访问控制

在云计算环境下，身份认证和访问控制是保障数据安全的关键措施。有效的身份认证机制能够确保只有经过授权的用户才能访问云资源，从而防止未经授权的访问和数据泄露。多因素认证是目前较为安全的身份认证方式，通过结合密码、生物特征、短信验证码等认证方式，提高了身份认证的安全性。

基于角色的访问控制（RBAC）是云计算环境中常用的访问控制模型。RBAC 通过定义角色和角色的权限，控制用户对数据和资源的访问。每个用户根据其角色获得相应的权限，从而实现权限的集中管理和控制。这种方法既简化了权限管理，又提高了访问控制的安全性和灵活性。另外，基于属性的访问控制（ABAC）在云计算环境中也得到了广泛应用。ABAC 通过对用户属性、资源属性和环境属性的综合评估，动态决定用户的访问权限。相比 RBAC，ABAC 具有更高的灵活性和精细化管理能力，能够更好地适应复杂的云计算环境和多变的安全需求。

（三）数据加密与密钥管理

数据加密是保护云计算环境中数据安全的基本手段。将明文数据转化为密文数据，可以有效防止数据在存储和传输过程中的泄露和篡改。云计算环境中的数据加密主要包括存储加密和传输加密两部分。存储加密通过加密算法对数据进行加密存储，确保数据在云端存储时的安全性。传输加密则通过加密协议（如 SSL/TLS）对数据传输通道进行加密，防止数据在传输过程中被截获和篡改。

密钥管理是数据加密的核心。云计算环境中的密钥管理需要解决密钥的生成、存储、分发和销毁等问题。安全可靠的密钥管理机制能够确保密钥的机密性和完整性。云服务提供商通常提供专门的密钥管理服务，帮助用户安全管理密钥。用户可以通过 KMS 生成和管理密钥，设置密钥的访问权限和使用策略，确保密钥在全生命周期的安全。此外，基于硬件的安全模块（HSM）在密钥管理中也得到了广泛应用。HSM 是一种专门的硬件设备，用于生成、存储和管理加密密钥。HSM 具有高强度的物理防护和防篡改能力，能够有效防止密钥被非法访问和窃取。

（四）数据备份与恢复策略

在云计算环境中，数据备份与恢复是保障数据安全和业务连续性的重要措施。数据备份可以防止数据丢失，确保在意外发生时能够快速恢复业务。云计算环境中的数据备份通常包括全量备份、增量备份和差异备份三种方式。全量备份是对所有数据进行完整备份，恢复速度快但占用存储空间大。增量备份只备份自上次备份以来发生变化的数据，节省存储空间但恢复速度相对较慢。差异备份则备份自上次全量备份以来发生变化的数据，兼顾了存储效率和恢复速度。

制定合理的数据备份策略需要考虑数据的重要性、变化频率和恢复时间目标。对于关键数据和核心业务系统，通常需要进行频繁的增量备份和定期的全量备份，以确保数据的完整性和可恢复性。在云环境中，用户可以利用云服务提供商提供的备份服务，自动化备份任务，提高备份和恢复效率。

数据恢复策略同样重要。恢复策略应包括数据恢复的优先级、恢复时间目标和恢复过程中的资源分配。通过定期进行数据恢复演练，可以验证备份和恢复策略的有效性，确保在实际发生数据丢失时能够快速恢复数据，减少业务中断和损失。

（五）虚拟化安全与隔离技术

虚拟化技术是云计算的基础，但虚拟化环境中存在的安全问题也给大数据安全带来了挑战。虚拟机逃逸是虚拟化环境中最严重的安全威胁之一。攻击者利用虚拟机逃逸漏洞，可以突破虚拟机与宿主机之间的隔离，获取对宿主机和其他虚拟机的访问权限，造成严重的数据泄露和系统破坏。为了解决虚拟化环境中的安全问题，必须采用有效的虚拟化安全和隔离技术。虚拟化安全技术包括虚拟机监控器（VMM）安全加固、虚拟机隔离、虚拟网络隔离等。VMM 是虚拟化环境的核心组件，负责管理和调度虚拟机。对 VMM 进行安全加固，可以减少其被攻击和利用的风险。虚拟机隔离通过硬件和软件技术，确保虚拟机之间的隔离，防止虚拟机逃逸和资源争用。虚拟网络隔离通过虚拟网络设备和网络策略，隔离虚拟机之间的网络通信，防止网络攻击和数据窃取。

容器技术作为虚拟化技术的替代方案，也在云计算环境中得到了广泛应用。相比传统虚拟机，容器具有更轻量级和高效的特点，但其安全性也面临挑战。为了保障容器环境的安全，必须采用容器隔离、镜像安全和运行时保护等技术。容器隔离通过命名空间和控制技术，隔离容器之间的资源和权限。镜像安全通过对容器镜像进行签名和验证，确保镜像的来源可信和内容安全。运行时保护通过监控和限制容器的运行行为，防止恶意操作和攻击。

（六）数据共享与隐私保护

云计算环境中的数据共享带来了数据利用效率的提升，但引发了隐私保护问题。如何在保障数据隐私的前提下，实现数据的安全共享，是云计算环境下大数据安全的重要挑战。

差分隐私是一种保护数据隐私的数学方法，通过在数据查询结果中加入随机噪声，防止个体信息被推断和泄露。差分隐私技术能够在保障数据隐私的同时，提供高质量的数据分析结果，广泛应用于大数据分析和机器学习等领域。

同态加密是一种能够在加密数据上直接进行计算的加密技术，通过同态加密，可以在不解密数据的情况下，对数据进行处理和分析。尽管同态加密技术目前计算开销较大，但其在数据隐私保护和计算效率方面具有巨大的潜力，是未来数据共享和隐私保护的重要方向。

多方安全计算是一种能够在不泄露各方数据隐私的前提下协同计算共同结果的技术。多方安全计算通过密码学方法，确保各方在计算过程中无法获取对方的私有数据，实现数据的安全共享和协同计算。该技术在跨机构数据共享和联合分析中具有重要应用价值。

二、安全云服务与大数据分析

（一）安全云服务的定义与特点

安全云服务是指通过云计算平台提供的各类安全服务，这些服务旨在保护数据、应用和基础设施的安全性。与传统的本地安全解决方案不同，安全云服务利用云计算的优势，提供了更高的灵活性、可扩展性和成本效益。安全云服务的主要特点包括按需服务、自动化管理、全方位保护和实时监控。

按需服务是安全云服务的重要特点。用户可以根据自身需求，动态调整和配置安全服务的类型和数量，无须预先购买和部署大量的硬件和软件。这种灵活性使得安全云服务能够迅速响应变化的安全需求，提供针对性的保护措施。

自动化管理通过集成自动化工具和技术，实现了安全服务的自动配置、监控和响应。自动化管理不仅提高了安全服务的效率和可靠性，还减少了人为操作的错误和漏洞。全方位保护涵盖了从网络安全、数据安全到应用安全的各个方面，确保云计算环境中所有层面的安全性。

实时监控是安全云服务的核心功能之一。通过实时监控网络流量、用户行为和系统状态，安全云服务能够及时发现和响应安全事件，减少安全威胁和损失。实时监控系统通常集成了威胁情报和行为分析技术，提供高级的威胁检测和响应能力。

（二）云安全监控与威胁检测

云安全监控与威胁检测是保障云计算环境中大数据安全的重要手段。组织通过实时监控云资源的使用情况和安全状态，可以及时发现和应对安全威胁。日志管理通过记录系统操作和安全事件，提供数据访问和操作的追溯能力，提高系统的透明度和安全性。

行为分析技术在威胁检测中发挥着重要作用。通过分析用户和系统的行为模式，行为分析技术能够识别异常行为和潜在威胁。基于行为分析的威胁检测系统可以建立正常行为基线，当检测到异常行为时，发出警报并采取相应措施。行为分析技术在发现内部威胁和高级持续性威胁（APT）方面具有显著优势。

（三）安全云服务的自动化与智能化

安全云服务的自动化与智能化是提高安全防护效率和效果的重要手段。自动化技术通过集成自动化工具和技术，实现了安全服务的自动配置、监控和响应。自动化管理不仅提高了安全服务效率和可靠性，还减少了人为操作的错误和漏洞。

自动化配置管理是安全云服务的基础。通过自动化配置工具，用户可以快速部署和配置安全服务，降低手动配置的复杂性和错误率。自动化监控通过集成监控工具和技术，实现了对云资源的实时监控和管理。自动化响应通过自动化工具和脚本，实现了对安全事件的自动处理和恢复，减少了响应时间和损失。

智能化威胁检测系统通过集成机器学习和深度学习，提高了威胁检测的准确性和及时性。智能化系统能够自动学习和适应新的安全威胁，提供更高级的威胁检测和响应能力。通过自动化和智能化技术，安全云服务能够提供更高效、可靠和灵活的安全保护。

（四）大数据分析中的隐私保护

大数据分析在云计算环境中面临着数据隐私保护的挑战。如何在保障数据隐私的前提下，充分利用数据价值，是大数据分析中的重要课题。差分隐私和同态加密是保护数据隐私的两种主要技术。

差分隐私是一种保护数据隐私的数学方法，通过在数据查询结果中加入随机噪声，防止个体信息被推断和泄露。差分隐私技术能够在保障数据隐私的同时，提供高质量的数据分析结果，广泛应用于大数据分析和机器学习等领域。

同态加密是一种能够在加密数据上直接进行计算的加密技术，通过同态加密，可以在不解密数据的情况下，对数据进行处理和分析。尽管同态加密技术目前计算开销较大，但其在数据隐私保护和计算效率方面具有巨大的潜力，是未来数据共享和隐私保护的重要方向。

多方安全计算是一种能够在不泄露各方数据隐私的前提下，协同计算共同结果的技术。多方安全计算通过密码学方法，确保各方在计算过程中无法获取对方的私有数据，实现数据的安全共享和协同计算。该技术在跨机构数据共享和联合分析中具有重要应用价值。

（五）云计算环境下的安全审计

安全审计在云计算环境中扮演重要角色，确保云服务的安全性和合规性。通过系统化的安全审计，企业可以发现和修复安全漏洞，优化安全策略，增强整体的安全防护能力。安全审计包括内部审计和外部审计两种类型，各有其独特的作用和价值。

内部审计由企业内部的专业团队执行，主要针对云环境中的安全策略、操作流程和系统配置进行评估。内部审计有助于企业及时发现潜在问题和风险，采取预防措施，确保云服务的持续安全。通过定期的内部审计，企业可以保持对云环境安全状况的全面了解，及时调整和优化安全策略。

外部审计则由独立的第三方机构执行，提供客观、公正的安全评估报告。外部审计有助于企业验证内部安全措施的有效性，确保符合相关法律法规和行业标准。第三方的外部审计报告不仅能够增强企业的可信度，还可以作为合规性证明，满足监管机构和客户的要求。

云计算环境中的安全审计应包括访问控制审计、日志审计、配置审计和事件响应审计等方面。

访问控制审计通过检查用户权限和访问记录，确保只有经过授权的用户才能访问云资源。日志审计通过分析系统日志，发现异常行为和安全事件，提供问题追溯和责任认定的依据。配置审计通过检查系统配置和安全设置，确保符合安全策略和最佳实践。事件响应审计通过评估安全事件的处理过程和效果，优化事件响应计划，提高应急响应能力。

（六）安全云服务的发展趋势

安全云服务在不断发展的同时，也面临新的挑战和机遇。未来，随着技术的进步和应用场景的扩展，安全云服务将在更多领域发挥重要作用，为各行各业的数字化转型和智能化发展提供有力保障。

零信任安全架构是安全云服务的重要发展方向。零信任安全架构打破了传统的边界防护理念，通过严格的身份验证和访问控制，实现了对所有访问请求的精细化管理和动态授权。零信任安全架构的核心思想是不再信任任何内部或外部的访问请求，所有请求都必须经过严格验证和授权。零信任安全架构在云计算环境中具有广泛的应用前景，能够有效防范内部威胁和外部攻击，提高整体安全性。

区块链技术在安全云服务中的应用也具有广阔前景。区块链通过分布式账本和加密技术，实现了数据的不可篡改和可追溯，提供了新的安全保障机制。区块链技术可以用于数据存证、身份认证和数据共享，提高数据的安全性和可信性。未来，区块链与云计算相结合将为安全云服务带来新的技术创新和应用场景。

边缘计算的兴起为安全云服务带来了新的机遇和挑战。边缘计算通过将计算和存储资源分布到网络边缘，提高了数据处理的实时性和响应速度。然而，边缘计算环境的分散性和异构性也增强了安全防护的复杂性。未来，安全云服务需要针对边缘计算环境，开发和应用新的安全技术和策略，确保边缘计算环境的安全性和可靠性。

三、云计算与大数据安全案例分析

（一）案例描述

Netflix 是全球最大的在线内容流媒体提供商之一，服务覆盖 190 多个国家和地区。为满足快速增长的用户需求，Netflix 决定将其大部分 IT 基础设施迁移到亚马逊的 AWS。此举不仅增强了 Netflix 的业务扩展能力，还带来了显著的成本节约和运营效率提升。然而，云环境也带来了新的安全挑战，Netflix 通过多种安全策略和技术措施成功应对了这些挑战。

Netflix 在 AWS 上的基础设施包括数千个 Amazon EC2 实例用于处理视频流、用户数据和推荐算法。为了保障数据安全，Netflix 采用了多层次的加密策略，包括在传输中使用 TLS 协议和在存储中使用 AES–256 加密。为了管理和监控其庞大的云资源，Netflix 依赖 AWS CloudWatch 和 GuardDuty 等服务，这些服务提供实时监控和威胁检测能力。此外，Netflix 还使用了 AWS 的 Identity and Access Management（IAM）服务，确保只有经过认证的用户才能访问特定资源。通过多因素认证和精细化的权限管理，Netflix 有效降低了数据泄露和未经授权访问的风险。为了进一步提升安全性，Netflix 实施了零信任架构，假设所有访问请求都是不可信的，需要严格验证后才能获得授权。

（二）案例分析

Netflix 在迁移到 AWS 的过程中面临多重安全挑战，其中数据安全和隐私保护是首要关注点。通过采用多层次的数据加密策略，Netflix 确保了用户数据在传输和存储过程中的安全性。传输层的 TLS 加密和存储层的 AES–256 加密有效防止了数据被窃取和篡改的风险。这些加密措施不仅符合国际安全标准，还提升了用户对 Netflix 服务的信任度。

访问控制和身份认证是 Netflix 解决内部威胁和未经授权访问的关键策略。通过集成 AWS IAM 服务，Netflix 实现了细粒度的访问控制，确保只有经过认证的用户才能访问敏感数据和关键资源。多因素认证进一步增强了访问控制的安全性，减少了账户被盗用的风险。此策略的成功实施表明，身份认证和访问控制在云安全中的重要性。

实时监控和威胁检测是 Netflix 云安全策略的重要组成部分。AWS CloudWatch 和 GuardDuty 提供的实时监控和自动化威胁检测功能，使 Netflix 能够快速发现和响应潜在的安全威胁。通过这些服务，Netflix 能够全面监控其云基础设施的运行状况，及时检测异常行为并采取应对措施。这种自动化和实时响应能力显著提高了 Netflix 的安全防护水平。

Netflix 还利用自动化和机器学习技术提升安全防护能力。Netflix 能够自动处理和分析海量日志数据，快速识别和响应安全事件。这些技术的应用不仅提高了安全事件响应速度，还减少了人工干预的需求，体现了技术在提升安全效率方面的巨大潜力。

多层次防护机制是 Netflix 云安全策略的核心。通过在网络层、防火墙、数据层和应用层实施多层次的安全措施，Netflix 建立了全面的防护体系。每个层级采用不同的安全技术和策略，如 AWS Shield 和 AWS WAF 用于 DDoS 防护和应用层攻击防护，确保了整体安全防护的深度和广度。

从 Netflix 的经验中我们得出三点重要启示。其一，全面的安全策略至关重要，单一措施难以应对复杂的云环境安全威胁。其二，技术与管理并重，严格的权限管理和身份认证是确保数据安全的关键。其三，持续改进和优化安全策略，通过实时监控和数据分析，不断提升整体安全水平，也是应对不断变化的安全挑战的有效途径。

Netflix 的案例展示了云计算和大数据环境中有效的安全策略和技术应用，为其他企业提供了宝贵的经验。通过借鉴这些成功经验，其他企业可以制定和实施更全面、更有效的安全策略，确保在云计算环境下的业务安全和数据保护。研究云计算与大数据的安全结合点，为我们提供了应对复杂安全问题的新视角。通过在云计算平台实现大数据的安全存储和处理，可以提升整体安全水平，确保数据的机密性、完整性和可用性。

通过本章的深入分析我们发现，云计算和大数据技术的广泛应用既带来了新的机遇，也面临新的安全挑战。理解和应对这些安全问题是保障数据安全的关键。云计算的虚拟化技术和架构使得资源分配更加灵活，但也引发了新的安全问题。大数据环境中的数据安全问题主要包括数据的存储安全、传输安全和分析安全。持续完善和优化安全措施，将有效应对云计算和大数据环境中的安全挑战，保障数据的安全和完整。

第六章　网络安全技术的未来发展

随着新兴技术的不断发展，网络安全技术面临新的挑战和机遇。区块链、物联网、人工智能等新兴技术的迅猛发展，正在影响网络安全的格局。这些新兴技术不仅带来了新的安全威胁，也为网络安全提供了新的解决方案。研究新兴技术对网络安全的影响及其未来发展趋势，是推动网络安全技术不断进步的关键。物联网的发展，使得网络安全面临更加复杂和多样的挑战。物联网设备的广泛应用，使得网络边界变得更加模糊，攻击面随之扩大。物联网设备的异构性和资源受限，使得传统的网络安全技术难以完全适用。研究物联网的安全问题及其解决方案，可以为构建安全的物联网环境提供有力支持。

人工智能的应用，为网络安全提供了新的解决思路。人工智能技术通过机器学习和深度学习算法，可以实现对网络流量和行为的自动分析和检测。人工智能在入侵检测、威胁情报分析和自动化响应等方面的应用，极大地提升了网络安全的防御能力。然而，人工智能本身也存在安全风险，理解这些风险并提出应对策略，是人工智能应用在网络安全中的关键。

第一节　新兴技术对网络安全的影响

新兴技术的快速发展，对网络安全提出了新的要求和挑战。本节将探讨物联网、人工智能和区块链技术对网络安全的影响，分析这些技术如何改变现有的安全格局。理解这些影响，有助于我们制定应对新挑战的策略。

一、物联网的安全挑战

（一）物联网设备的脆弱性分析

物联网设备的普及为各行各业带来了巨大的便利和创新，但与此同时也引发了严重的安全问题。物联网设备的脆弱性主要体现在硬件、软件和通信协议等层面。这些脆弱性不仅威胁设备本身的安全，还会成为攻击者入侵网络系统的入口，进而危及整个网络的安全。

1.硬件层面的脆弱性

物联网设备的硬件设计往往以低成本和高效能为目标，这导致许多设备在安全设计上考虑不足。许多物联网设备缺乏基本的硬件安全措施，如安全启动和硬件加密模块。这些缺陷使得攻击者可以通过物理访问设备进行反向工程和提取敏感信息。比如，许多物联网设备的固件存储在未加密的存储器中，这使得攻击者可以轻易地读取和修改固件内容。固件的篡改会导致设备执行恶意代码，进而对整个网络造成威胁。物联网设备的硬件脆弱性还体现在防篡改设计的缺失上，攻击者可以通过物理拆解设备获取设备的内部信息，从而找到进一步攻击的途径。

2.软件层面的脆弱性

物联网设备的软件脆弱性主要体现在固件和操作系统的漏洞上。由于物联网设备的生命周期较长，许多设备在发布后并未得到及时的更新和补丁。这导致许多已知漏洞未得到修复，成为攻击者的目标。比如，Mirai 僵尸网络利用物联网设备的默认密码和未修复的漏洞，成功控制了大量的物联网设备，发动了大规模的分布式拒绝服务攻击。该事件表明，物联网设备的固件和操作系统需要定期更新和维护，防止已知漏洞被利用。此外，物联网设备的软件开发过程中缺乏安全编码实践也增强了脆弱性。许多设备的软件未经过充分的安全测试和代码审计，导致代码中存在大量潜在的漏洞。开发者在编写代码时，应遵循安全编码标准，进行严格的测试和审计，以确保软件的安全性。

3.通信协议的脆弱性

物联网设备的通信协议也是攻击者常常利用的薄弱环节。许多物联网设备使用不安全的通信协议进行数据传输，这使得数据在传输过程中容易被截获和篡改。比如，许多物联网设备仍然使用未加密的 HTTP 协议传输敏感数据，这使得攻击者可以通过中间人攻击获取和修改数据内容。

物联网设备的通信协议中普遍缺乏认证和授权机制，导致攻击者可以通过伪造身份和劫持会话等方式进行攻击。为了增强物联网设备的通信安全，用户应采用安全的传输协议（如 HTTPS 和 TLS），并在通信过程中进行身份认证和授权，防止未经授权的访问和数据篡改。

4.设备管理和配置的脆弱性

物联网设备的管理和配置也是一个重要的安全问题。许多物联网设备在出厂时使用默认的用户名和密码，这使得设备在未修改默认配置的情况下容易被攻击者控制。为了防止此类攻击，用户应在设备首次使用时更改默认的用户名和密码，并定期更换密码。

物联网设备的远程管理接口也是一个潜在的安全风险。许多设备的远程管理接口未进行充分的安全保护，攻击者可以通过暴力破解或漏洞利用等方式获取管理权限。为防止此类攻击，设备的远程管理接口应采用强密码、双因素认证等安全措施，并限制管理接口的访问权限。

5. 物联网生态系统的复杂性

物联网设备通常处于一个复杂的生态系统中，不同厂商的设备通过多种协议和标准进行互操作。这种复杂性增大了安全管理的难度，因为一个设备的脆弱性会影响整个生态系统的安全。比如，一个被攻破的设备可以作为跳板，攻击者通过它入侵其他连接设备和网络。为了解决物联网生态系统中的安全问题，厂商应遵循统一的安全标准和规范，确保设备之间的兼容性和安全性。此外，物联网生态系统的安全管理应采用分层次的防护策略，从设备层、网络层和应用层等方面入手，构建全方位的安全防护体系。

6. 物联网设备的生命周期管理

物联网设备的生命周期管理也是影响其安全性的一个重要因素。从设备的设计、生产、部署到退役，每个阶段都会存在安全风险。比如，在设备设计阶段，安全需求的忽视会导致后续阶段的安全漏洞。在设备退役阶段，未妥善处理的设备会被攻击者利用进行反向工程和数据恢复。为了保证物联网设备的全生命周期安全，厂商应在设计阶段充分考虑安全需求，采用安全设计原则。在生产阶段，厂商应进行严格的质量控制和安全检测，确保设备出厂时无已知漏洞。在部署阶段，厂商应进行安全配置和加固，定期更新和维护设备软件。在退役阶段，厂商应对设备进行安全销毁或数据清理，防止数据泄露和设备被再次利用。

7. 物联网设备的标准化和法规遵循

物联网设备的安全问题的解决不仅需要技术手段，还需要标准化和法规的支持。目前，国际上已有多个组织和机构制定了物联网安全标准和规范，如 ISO/IEC 30141、NIST SP 800–183 等。这些标准和规范为物联网设备的安全设计和管理提供了指导和依据。厂商在开发和生产物联网设备时，应遵循相关的安全标准和规范，确保设备的安全性。此外，各国政府和监管机构应制定和实施物联网安全法规，强制要求厂商和用户遵守相关规定，保障物联网设备的安全使用。

（二）物联网网络架构中的安全隐患

物联网网络架构的复杂性和多样性为其带来了诸多安全隐患。物联网设备广泛应用于家庭、工业、医疗等领域，不同的应用场景和通信协议使得物联网网络架构充满挑战。

1. 多层次网络架构中的安全问题

物联网网络通常由多个层次构成，包括感知层、网络层和应用层。每一层次都存在不同的安全问题。感知层主要由各种传感器和执行器组成，这些设备负责数据的采集和初步处理。由于感知层设备通常资源有限，难以实现复杂的安全机制，这使得其易受到物理攻击和中间人攻击。比如，攻击者可以通过篡改传感器数据，伪造环境信息，从而影响后续的决策和操作。网络层负责数据的传输和路由，包括无线传输和有线传输。这一层次的安全问题主要集中在数据传输过程中，容易受到窃听、篡改和重放攻击。尤其是在无线传输中，由于信号易被截获和干扰，攻击者可以通过窃听无线信道获取敏感数据，或通过伪造和重放攻击干扰正常通信。应用层是物联网网络中最复杂的一层，涉及数据的深度处理和应用服务。应用层的安全问题包括应用程序的漏洞利用、数据的未授权访问和服务的拒绝。由于应用层直接面向用户和外部系统，其安全性对整个物联网系统至关重要。

2. 通信协议的安全隐患

物联网网络中使用的通信协议种类繁多，包括 Zigbee、Bluetooth、LoRa、NB–IoT 等。这些协议在设计时往往考虑了低功耗和高效能，但在安全性上存在许多不足之处。

Zigbee 协议广泛应用于智能家居和工业控制，但其安全机制较为简单，容易受到各种攻击。比如，Zigbee 协议的网络密钥传输过程缺乏有效的保护措施，攻击者可以通过窃听密钥传输过程，获取网络密钥，从而控制整个网络。

Bluetooth 协议在短距离无线通信中应用广泛，但其配对过程中的安全漏洞常常被攻击者利用。攻击者可以通过蓝牙配对过程中发送恶意代码，获取设备的控制权。此外，Bluetooth 协议的广播信道易被窃听，攻击者可以获取设备的MAC 地址和其他敏感信息。

LoRa 和 NB–IoT 等低功耗广域网协议虽然在传输距离和功耗方面表现优异，但其安全机制相对薄弱。比如，LoRa 协议中的数据加密采用的是对称加密算法，如果密钥管理不当，攻击者可以通过破解密钥获取数据内容。NB–IoT 协议在设计时主要考虑了成本低和覆盖广的特点，对安全性的考虑相对较少，容易受到各种无线攻击。

3. 设备互联互通中的安全挑战

物联网设备的互联互通是实现其智能化和自动化功能的基础，但也带来了巨大的安全挑战。不同厂商的设备通过多种协议和标准进行互操作，增强了安全管理的复杂性。

设备的互联互通要求不同设备之间能够安全、可靠地交换数据，这需要统一的安全标准和协议。目前，物联网领域缺乏统一的安全标准，不同厂商的设备在安全机制上存在较大差异。比如，某些设备可能使用强加密算法保护数据，而另一些设备则仅采用基本的加密措施，这使得整体网络的安全性难以保证。此外，设备的互操作性还涉及设备身份认证和授权管理的问题。如果设备的身份认

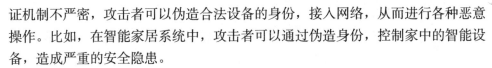

证机制不严密，攻击者可以伪造合法设备的身份，接入网络，从而进行各种恶意操作。比如，在智能家居系统中，攻击者可以通过伪造身份，控制家中的智能设备，造成严重的安全隐患。

4. 边缘计算和云计算的安全风险

物联网网络中，边缘计算和云计算是两个重要的组成部分。边缘计算将数据处理和存储任务从中心云迁移到靠近数据源的边缘节点，从而降低延迟和带宽消耗。然而，边缘计算节点的分布式特性增加了安全管理的难度。

边缘计算节点通常部署在分布广泛的环境中，容易受到物理攻击和网络攻击。比如，攻击者可以通过物理访问边缘节点，提取其中存储的数据，或通过网络攻击入侵边缘节点，篡改数据处理结果。此外，边缘节点之间的数据传输和协作也存在安全风险，攻击者可以通过截获和篡改传输数据，干扰边缘计算任务的正常执行。

云计算在物联网网络中主要负责数据的集中处理和存储，虽然云服务提供商通常具备较强的安全保障能力，但云计算仍然面临一些特有的安全风险。比如，云计算环境中的多租户隔离问题，如果隔离机制不完善，攻击者可以通过攻击其他租户的虚拟机，获取敏感数据。此外，云服务提供商的内部安全管理至关重要，内部人员的恶意操作会导致数据泄露和篡改。

5. 网络攻击与防御策略

物联网网络架构中的安全隐患使其容易受到各种网络攻击，包括 DDoS 攻击、中间人攻击、恶意代码注入等。为应对这些攻击，我们需要制定全面的防御策略。

DDoS 攻击是物联网网络中最常见的攻击形式之一，攻击者通过控制众多物联网设备，向目标服务器发送大量请求，导致服务器瘫痪。为防御 DDoS 攻击，可以采用流量监控和限流策略，及时发现并阻断异常流量。此外，部署 DDoS 防护设备和服务，如 Web 应用防火墙（WAF）和 DDoS 防护服务，可以降低攻击带来的影响。

中间人攻击是指攻击者在通信双方之间进行数据截获和篡改的攻击形式。为防止中间人攻击，物联网设备在数据传输过程中应采用强加密算法，如 AES 和 RSA，确保数据的机密性和完整性。此外，通信双方应进行双向认证，确保数据接收方的身份合法性，防止攻击者冒充合法设备。

恶意代码注入是通过在物联网设备中植入恶意代码，控制设备行为或窃取敏感数据的攻击形式。为防止恶意代码注入，物联网设备应采用安全启动机制，确保设备启动过程中执行的代码未被篡改。此外，设备应具备实时监控和异常检测能力，及时发现并阻止恶意行为。

6. 安全管理和应急响应

物联网网络的安全管理涉及多个方面，包括设备管理、数据管理、网络管理等。建立健全的安全管理体系，是保障物联网网络安全的基础。在设备管理方面，管理人员需要建立统一的设备注册和认证机制，确保接入网络的设备身份合法；设备应具备远程管理和更新能力，及时修复已知漏洞，提升设备的安全性。在数据管理方面，管理人员需要对物联网网络中传输和存储的数据进行分类和加密，确保敏感数据的机密性和完整性，并建立完善的数据备份和恢复机制，防止数据丢失和篡改。在网络管理方面，管理人员需要对物联网网络进行分段和隔离，防止攻击者通过一个设备入侵整个网络；建立实时监控和日志审计机制，及时发现并响应网络中的安全事件。在应急响应方面，管理人员需要制定详细的应急预案，明确各类安全事件的应对措施和流程；定期开展安全演练，提升应急响应能力，确保在安全事件发生时能够迅速、有效地控制和处理。

7. 安全标准与法规遵循

物联网网络的安全不仅依赖技术措施，还需要遵循相关的安全标准和法规。目前，国际上已有多个组织和机构制定了物联网安全标准和规范，如 ISO/IEC 30141、NIST SP 800–183 等。这些标准和规范为物联网网络的安全设计和管理提供了指导和依据。厂商在开发和生产物联网设备时，应遵循相关的安全标准和规范，确保设备的安全性。此外，各国政府和监管机构应制定和实施物联网安全法规，强制要求厂商和用户遵守相关规定，保障物联网网络的安全使用。

（三）物联网安全的解决方案与策略

物联网的迅猛发展在为社会带来巨大便利的同时也引发了严重的安全问题。为了有效应对这些挑战，本书将探讨物联网安全的多层次解决方案与策略，包括设备层、网络层、数据层和管理层的安全措施。

1. 设备层的安全解决方案

在物联网设备启动时，安全启动机制确保设备执行的代码未被篡改。通过可信根（Root of Trust），设备能够验证启动过程中的每一个组件，从硬件到固件，确保其完整性和可信性。此外，定期的固件完整性验证至关重要。通过签名和校验技术，可以检测固件是否被恶意修改。硬件安全模块在物联网设备中扮演关键角色，提供加密和密钥管理等安全功能。HSM 可以存储和管理敏感的加密密钥，防止其被窃取或篡改。通过硬件加密，物联网设备能够在数据传输和存储过程中提供更高的安全保障。为了防止物理攻击，物联网设备应采用防篡改设计。比如，设备外壳可以采用防拆卸设计，内部组件可以使用涂层或屏蔽材料保护。

2. 网络层的安全策略

物联网设备在数据传输过程中应采用强加密通信协议，如 TLS（传输层安全协议）和 DTLS（数据报传输层安全协议）。这些协议能够确保数据在传输过程中的机密性和完整性，防止数据被截获和篡改。将物联网网络分段和隔离是防止攻击扩散的重要策略。网络分段可以将物联网设备与其他网络隔离，限制攻击者在网络中的移动范围。此外，使用虚拟局域网（VLAN）和防火墙，可以进一步加强网络隔离和访问控制。在物联网网络中部署入侵检测与防御系统，能够实时监控网络流量，检测和阻止异常行为。IDS/IPS 能够识别已知的攻击模式，并在发现威胁时采取相应的防御措施。这些系统通过日志分析和行为模式识别，提供对网络安全态势的全面监控。

3. 数据层的安全保护

数据加密是保护物联网数据的重要手段。数据无论是在传输过程中还是存储过程中，都应采用强加密算法，如 AES（高级加密标准）和 RSA（公钥加密算法）。加密能够确保数据的机密性，即使数据被截获，也无法被解读。为了保证数据的完整性，物联网系统应采用哈希函数和数字签名技术。哈希函数可以生成数据的唯一摘要，任何对数据的修改都会导致摘要的变化。数字签名可以验证数据的来源和完整性，防止数据在传输过程中被篡改。在物联网应用中，保护用户隐私至关重要。应采用数据最小化原则，只收集和处理必要的数据。此外，匿名化和去标识化技术可以在处理和分析数据时保护个人隐私。这些机制能够在保障功能的同时减少对用户隐私的侵害。

4. 管理层的安全措施

物联网设备的安全管理包括设备的注册、配置和更新。建立统一的设备管理平台，集中管理设备的配置和固件更新。自动更新机制能够确保设备及时接收并安装安全补丁，防止已知漏洞被利用。严格的访问控制和权限管理是保护物联网系统安全的关键。应采用基于角色的访问控制（RBAC），根据用户角色分配相应的权限。此外，多因素认证（MFA）能够进一步增强访问控制的安全性，防止未经授权的访问。安全审计和监控，可以及时发现和响应安全事件。定期进行安全审计，检查系统配置和日志记录，发现潜在的安全隐患。实时监控系统能够检测异常行为，并在发现威胁时采取应对措施。这些措施能够有效提升物联网系统的安全态势感知能力。

5. 行业标准与法规遵循

物联网设备的开发和部署应遵循国际和国家的安全标准。比如，ISO/IEC 27001 信息安全管理体系标准和 NIST 物联网安全框架（NIST IoT Cybersecurity Framework）提供了详细的安全要求和指导。这些标准能够确保设备和系统的安全性和合规性。各国政府和监管机构制定了相关的物联网安全法规，要求厂商和用户遵守。比如，欧盟的《通用数据保护条例》（GDPR）和美国的《加州消费

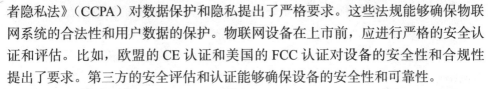

者隐私法》（CCPA）对数据保护和隐私提出了严格要求。这些法规能够确保物联网系统的合法性和用户数据的保护。物联网设备在上市前，应进行严格的安全认证和评估。比如，欧盟的 CE 认证和美国的 FCC 认证对设备的安全性和合规性提出了要求。第三方的安全评估和认证能够确保设备的安全性和可靠性。

6. 安全教育与意识提升

物联网设备的用户通常缺乏专业的安全知识，因此增强用户的安全意识至关重要。向用户普及物联网安全知识，包括设备的安全配置、密码管理和更新机制等能够使用户更好地保护自己的设备和数据。

物联网设备的安全设计和开发需要专业的技能和知识。对开发者进行系统的安全培训，可以提升他们的安全意识和能力。培训内容包括安全编码实践、漏洞检测和修复等，确保开发的设备具备良好的安全性。

安全意识的提升需要持续的努力。定期开展安全意识宣传活动，包括安全讲座、培训和演练等，可以不断提升员工和用户的安全意识，形成良好的安全文化氛围。

7. 未来发展与技术创新

新兴技术在提升物联网安全方面具有重要潜力。比如，区块链技术可以用于物联网设备的身份认证和数据溯源，提供去中心化和不可篡改的安全保障。人工智能技术可以用于网络威胁检测和响应，提升系统的智能化和自动化水平。

物联网安全领域的研究和创新是应对未来挑战的关键。加强物联网安全技术的研究，探索新的安全机制和解决方案。比如，轻量级加密算法和安全协议能够在保证安全性的同时，适应物联网设备的资源限制。持续的研究和创新，可以推动物联网安全技术的发展。物联网安全问题具有全球性，需要国际合作和标准化的支持。应加强国际合作，共享安全威胁情报和最佳实践，推动全球物联网安全的提升。此外，应推动物联网安全标准的国际化，制定统一的安全标准和规范，确保全球物联网设备和系统的安全性。

二、人工智能与网络安全

（一）人工智能在网络威胁检测中的应用

1. 数据分析与异常检测

网络威胁检测的基础是对大量网络数据的分析。人工智能技术，特别是机器学习算法，能够在海量数据中快速识别异常和威胁。训练机器学习模型，可以发现数据中的潜在威胁模式。比如，基于监督学习的方法，利用标记的正常和异常数据训练模型，能够在实时数据流中检测异常行为。

深度学习算法在网络威胁检测中的应用越来越广泛。深度神经网络能够处理

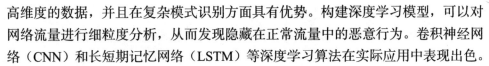

高维度的数据，并且在复杂模式识别方面具有优势。构建深度学习模型，可以对网络流量进行细粒度分析，从而发现隐藏在正常流量中的恶意行为。卷积神经网络（CNN）和长短期记忆网络（LSTM）等深度学习算法在实际应用中表现出色。

2. 行为分析与威胁识别

人工智能在网络威胁检测中的另一个重要应用是行为分析。传统的安全防护手段主要依赖已知威胁的特征码库，对于新型和未知威胁的检测能力有限。通过行为分析，人工智能技术能够识别潜在的威胁行为，即使这些行为不在已知特征库中。行为分析通过捕捉网络活动的行为模式，识别异常行为。比如，用户和设备的访问模式、登录行为、数据传输等都可以作为行为分析的对象。计算机能够从历史数据中学习正常行为模式，并在实时监控中检测到偏离正常模式的行为，提示潜在威胁。异常检测算法如孤立森林（Isolation Forest）和自编码器（Autoencoder）在行为分析中得到广泛应用。

3. 模式识别与威胁预测

模式识别是人工智能在网络威胁检测中的核心应用之一。通过模式识别技术，人工智能系统可以在大量数据中自动识别和区别不同类型的威胁。无论是已知的恶意软件、网络钓鱼攻击还是 DDoS 攻击，模式识别技术都能在早期阶段发现并发出警报。机器学习中的分类算法，如支持向量机（SVM）、随机森林（Random Forest）和 K- 最近邻（K-NN），在网络威胁检测中被广泛使用。这些算法能够处理大量特征数据，并在特征空间中识别出不同类别的威胁。通过对历史攻击数据的训练，分类模型能够准确预测新出现的威胁类型。通过对历史数据的时间序列分析，LSTM 等深度学习算法能够识别攻击的时间模式，从而在攻击发生前进行预警。这种预测能力为网络安全防护提供了宝贵的时间，提高了整体防护水平。

4. 自动化响应与处置

人工智能不仅在威胁检测中表现出色，还在威胁响应和处置方面发挥重要作用。传统的威胁响应过程通常需要人工介入，响应速度和效率有限。人工智能技术的引入，能够实现自动化响应，提高响应速度和准确性。

自动化响应系统利用机器学习和自动化技术，对检测到的威胁进行快速分析和处置。比如，基于规则的系统可以自动阻断恶意流量、隔离受感染设备、恢复被篡改的数据等。人工智能系统还能根据威胁的性质和严重程度，自动调整响应策略，确保最优的响应效果。结合自然语言处理（NLP）技术，人工智能系统还能自动生成威胁报告，提供详细的威胁分析和处置建议。这不仅提高了响应效率，还为安全分析师提供了有价值的信息，帮助他们更好地理解和应对威胁。

5. 深度学习在威胁检测中的优势

深度学习技术在网络威胁检测中的应用，展示了其强大的数据处理和模式识别能力。相比传统的机器学习，深度学习能够自动提取数据特征，减少了对人工特征工程的依赖。通过多层神经网络的训练，深度学习模型能够捕捉复杂的非线性关系，实现高精度的威胁检测。在图像识别和自然语言处理等领域，深度学习已经取得了显著成果。这些技术在网络威胁检测中同样具有广泛的应用前景。比如，基于图像识别的深度学习算法可以用于识别网络流量中的恶意模式，而基于自然语言处理的算法可以分析网络钓鱼邮件的内容，从而识别欺诈行为。

6. 人工智能在威胁情报中的应用

威胁情报是网络安全防护的重要组成部分。收集、分析和共享威胁情报，可以提前识别和应对潜在的威胁。人工智能技术在威胁情报的处理和分析中具有重要作用，能够提高情报的准确性和时效性。

自然语言处理技术可以从大量非结构化数据中提取有价值的威胁情报。比如，通过分析社交媒体、黑客论坛和安全博客等信息源，人工智能系统能够识别新的攻击手法和威胁情报。这些情报可以及时反馈给安全系统，帮助其调整防护策略。

机器学习还能分析历史攻击数据，识别攻击者的行为模式和技术特征。这些信息对于预测未来的攻击和制定防御策略具有重要意义。通过对攻击者的行为建模，人工智能系统能够提供深入的威胁情报，帮助企业提前部署防御措施。

7. 人工智能的挑战与未来发展

尽管人工智能在网络威胁检测中展现了巨大的潜力，但其应用也面临一些挑战。数据的质量和数量是影响模型性能的关键因素，训练高性能的人工智能模型需要大量高质量的数据。此外，攻击者也在不断进化，采用对抗性攻击手段，试图绕过人工智能检测系统。这要求人工智能系统具备更强的鲁棒性和适应能力。随着技术的发展，新的算法和模型不断涌现，人工智能系统的性能和效率将持续提升。特别是在深度学习和强化学习等前沿领域，新的研究成果将为网络安全防护带来更多创新。通过持续的研究和实践，人工智能技术将在网络安全领域发挥越来越重要的作用。无论是数据分析、行为分析、模式识别还是自动化响应，人工智能都将为网络安全提供强大的技术支持，提升整体防护水平。

（二）利用人工智能提升网络防御能力

1. 威胁检测的智能化

人工智能在威胁检测中的应用已经得到广泛认可。通过机器学习和深度学习，AI 系统能够从海量数据中识别出异常和威胁。无监督学习算法，尤其是聚类算法，如 K–means，可以发现数据中的异常模式而无须事先标记。这种方法在处理大规模、未标记数据时表现出色。深度学习技术，如卷积神经网络（CNN）和递归神经网络（RNN），能够自动提取数据特征，识别复杂的威胁模式。CNN在处理图像数据方面表现优异，因此，可以用于识别网络流量中的恶意模式。RNN 和其变种长短期记忆网络（LSTM）在处理时间序列数据时表现突出，可用于检测网络日志中的异常行为。

2. 攻击预测与预警

除了检测现有威胁外，人工智能还可以预测未来的攻击。通过对历史数据进行时间序列分析，AI 系统能够识别潜在的攻击模式。LSTM 等深度学习算法可以预测攻击发生的时间和可能的目标，从而为防御措施提供预警。

基于图神经网络（GNN）的技术可以分析网络中的节点和连接，识别潜在的攻击路径。这种方法通过构建和分析网络图，可以发现网络中的薄弱环节，并预测攻击者可能利用的路径，从而提前部署防御措施。

3. 自动响应与防御

在面对网络攻击时，快速响应至关重要。人工智能技术可以实现自动响应，提升防御的速度和准确性。基于规则的系统可以自动阻断恶意流量，隔离受感染设备，并恢复被篡改的数据。

强化学习（Reinforcement Learning）在自动响应中的应用前景广阔。通过构建环境、状态和动作模型，AI 系统可以在不断试错中学习最佳的防御策略。深度强化学习（Deep Reinforcement Learning）结合深度学习和强化学习的优势，能够在复杂的网络环境中实现自动化防御。自然语言处理（NLP）技术还可以用于生成自动化的威胁报告和处置建议，帮助安全团队快速理解威胁并采取行动。通过对威胁信息的自动分析和总结，NLP 技术可以大幅提高响应效率。

4. 防御系统的优化

人工智能不仅能够在威胁检测和响应中发挥作用，还可以用于优化整体防御系统。通过数据驱动的方法，AI 系统可以评估防御措施的效果，发现并优化系统中的薄弱环节。

基于贝叶斯优化（Bayesian Optimization）的方法可以用于参数调优，提高防御系统的性能。通过构建概率模型，贝叶斯优化能够在有限的实验次数下，找到最优的参数配置。这种方法在网络防御系统的调优中表现出色。

遗传算法（Genetic Algorithm）和粒子群优化（Particle Swarm Optimization）等进化算法也可以用于防御系统的优化。这些算法通过模拟自然进化过程，寻找最优的防御策略和配置，提升系统的整体防御能力。

5. 多层次防御策略

人工智能的引入为多层次防御策略提供了新的思路。多种 AI 技术相结合，可以构建综合性的防御系统，覆盖从数据采集、威胁检测到响应处置的各个环节。

分布式防御系统是一个重要的发展方向。在网络的各个节点部署 AI 模型，可以实现本地化的威胁检测和响应，提升整体防御的灵活性和效率。边缘计算技术的应用，使得在靠近数据源的地方进行实时分析和响应成为可能，减少了数据传输的延迟和带宽占用。联合学习（Federated Learning）是另一项重要技术，通过在多个节点训练 AI 模型，并在中央节点进行模型合并，可以在不传输原始数据的情况下实现高效的模型训练。这种方法不仅保护了数据隐私，还提升了模型的泛化能力。

6. 对抗性攻击的防御

随着 AI 技术在网络防御中的应用，对抗性攻击（Adversarial Attack）也成为一个新的挑战。攻击者通过构造对抗性样本，试图欺骗 AI 模型，从而绕过威胁检测系统。针对这种威胁，需要发展新的防御技术。对抗性训练（Adversarial Training）是应对对抗性攻击的一种有效方法。通过在训练过程中引入对抗性样本，AI 模型可以学习到对抗性样本的特征，从而提升鲁棒性。生成对抗网络（GANs）也可以用于对抗性训练，通过生成对抗性样本，不断提升模型的防御能力。此外，模型验证和解释技术（Explainable AI，XAI）在防御对抗性攻击中具有重要作用。通过对模型决策过程的解释，可以识别和理解对抗性样本的特征，从而制定更有效的防御策略。

7. 实时监控与动态防御

人工智能在实时监控和动态防御中的应用，使得防御系统能够及时应对不断变化的威胁。通过实时数据分析，AI 系统可以动态调整防御策略，保持系统的高效运行。自适应防御系统（Adaptive Defense System）是实现动态防御的重要技术。通过不断学习和适应新的威胁，自适应防御系统能够在威胁环境变化时，自动调整防御策略，保持系统的高效防护。基于多代理系统（Multi-Agent System）的技术也在动态防御中发挥重要作用。在网络中部署多个智能代理，协同工作，可以实现全方位的威胁检测和响应。每个代理可以独立工作，同时通过通信和协作，形成综合性的防御体系。

8. 数据隐私与安全

在利用人工智能提升网络防御能力的同时，数据隐私与安全也需要得到重视。AI 系统在训练和运行过程中，需要处理大量敏感数据，如何保护这些数据的隐私是一个重要问题。

差分隐私（Differential Privacy）技术可以在数据分析过程中保护数据隐私。通过在数据中引入随机噪声，差分隐私技术能够在保护隐私的同时，保持数据的有效性。这种方法在 AI 模型训练和运行过程中，可以有效防止数据泄露。

同态加密（Homomorphic Encryption）技术也为数据隐私保护提供了新的途径。通过在加密状态下进行计算，同态加密技术可以在不解密数据的情况下，完成数据处理和分析。这种方法在保护数据隐私的同时，确保了 AI 系统的高效运行。

9. 人工智能与人类专家的协同

尽管人工智能在网络防御中展现了巨大的潜力，但人类专家的作用仍然不可替代。AI 系统在处理复杂威胁和做出关键决策时，需要与人类专家协同工作，发挥各自优势。构建人机协作系统（Human-AI Collaboration System），可以实现 AI 系统和人类专家的无缝合作。AI 系统可以在威胁检测和响应中提供实时分析和建议，人类专家可以根据具体情况，做出最终决策。这种协同工作模式不仅提高了防御效率，还增强了决策的准确性和可靠性。

持续的学习和培训也是人机协同的重要组成部分。通过不断学习新的威胁情报和防御技术，人类专家可以保持知识的更新，提升防御能力。同时，AI 系统可以通过与人类专家的互动，不断优化自身模型和算法，提升整体防护水平。

（三）人工智能面临的安全挑战

1. 对抗性攻击的威胁

人工智能系统特别是深度学习模型，容易受到对抗性攻击的威胁。攻击者通过对输入数据进行微小的扰动，使得 AI 模型输出错误的结果。对抗性样本看似正常，但经过精心设计，可以欺骗 AI 系统做出错误判断。这种攻击在图像识别、语音识别和自然语言处理等领域表现得尤为突出。对抗性攻击的形式多种多样，包括对抗性噪声、对抗性补丁和对抗性生成网络（GANs）。对抗性噪声是通过在输入数据中添加微小的扰动，使得 AI 模型输出错误的分类结果。对抗性补丁则是在输入数据中嵌入特定的图案或标记，导致模型输出错误结果。GANs 通过生成对抗性样本，不断优化攻击效果，进一步提升对抗性攻击的隐蔽性和有效性。

2. 数据隐私保护的挑战

AI 系统在训练和运行过程中，需要大量的高质量数据，这些数据往往包含敏感信息，涉及个人隐私和商业机密。如何在保证数据有效性的同时，保护数据隐私，是 AI 技术面临的重大挑战。数据泄露和隐私侵犯不仅会对个人和企业造成严重损害，也会削弱公众对 AI 技术的信任。

3. 模型安全性的保障

AI 模型本身的安全性也是一个重要的挑战。模型窃取、模型篡改和模型投毒等攻击手段，威胁 AI 系统的安全性和可靠性。模型窃取是指攻击者通过访问 AI 模型的输出，逆向推导出模型的内部结构和参数，从而复制或篡改模型。模型篡改是攻击者通过直接修改模型参数，使其输出错误结果。模型投毒是攻击者在训练数据中植入恶意数据，使得训练出的模型具有潜在的漏洞。

防御这些攻击需要多层次的安全措施。比如，模型水印（Model Watermarking）技术通过在模型中嵌入独特的标识，检测和防止模型窃取。模型加密技术通过对模型参数进行加密，防止模型被篡改。模型鲁棒性训练技术通过在训练过程中引入对抗性样本，提升模型对攻击的抗性。

4. 算法公平性与伦理问题

AI 算法的公平性和伦理问题在网络安全领域引起广泛关注。算法偏见和歧视不仅会导致不公平的结果，也会破坏公众对 AI 技术的信任。如何在算法设计和应用中，保证公平性和透明性，是 AI 技术面临的重要挑战。

算法偏见通常源于训练数据的偏差或算法设计的缺陷。比如，如果训练数据中某类群体的数据不足，AI 模型会在预测时对该群体产生偏见。为了消除算法偏见，需要在数据收集和处理过程中确保数据的多样性和代表性。同时，在算法设计中引入公平性约束和评估机制，确保模型输出的公正性。

伦理问题也需要在 AI 技术的应用中得到充分考虑。比如，在网络安全防护中，AI 技术涉及对用户行为的监控和分析，这需要在隐私保护和安全防护之间找到平衡。建立透明的 AI 系统，通过对算法决策过程的解释，提升用户对 AI 系统的信任度和接受度。

5. 实时性与资源消耗

AI 技术在网络安全中的应用，往往需要实时处理大量数据，这对计算资源和处理速度提出了较高要求。如何在保证实时性和准确性的同时，优化资源消耗，是 AI 技术面临的技术挑战。深度学习模型虽然在威胁检测和分析中表现出色，但其计算复杂度较高，导致计算资源消耗巨大，难以在资源有限的环境中应用。边缘计算和分布式计算技术为解决这一问题提供了新的思路，即在网络边缘部署计算节点，可以实现本地化的数据处理，减少数据传输的延迟和带宽占用。分布式计算技术通过将计算任务分解到多个节点，提高了系统的整体处理能力和可靠性。

6. 人机协同的挑战

尽管 AI 技术在网络防御中展现了巨大的潜力，但其决策过程仍然需要与人类专家的协同工作。如何实现人机协同，充分发挥 AI 技术和人类专家的优势，是一个重要的挑战。在实际应用中，AI 系统需要处理复杂多变的网络威胁，这些威胁往往超出单一技术的应对能力。构建有效的人机协同系统，需要在系统设计中引入互动机制，使得 AI 系统能够根据人类专家的反馈不断优化。同时，建立知识共享和协作平台，提高人机协同效率和效果。人机协同不仅提高了防御能力，也增强了决策的准确性和可靠性。

7. 法规与标准的遵循

AI 技术在网络安全中的应用，需要遵循相关的法律法规和行业标准。这不仅涉及技术层面，也涉及伦理和社会层面的问题。如何在快速发展的技术环境中，建立和遵循有效的法规和标准，是一个持续的挑战。各国政府和国际组织相继制定了与 AI 技术相关的法律法规和行业标准，这些法规和标准为 AI 技术的应用提供了指导和约束。比如，欧盟的《通用数据保护条例》（GDPR）和《人工智能法案》，对 AI 系统的数据处理和隐私保护提出了明确要求。遵循这些法规和标准，能够确保 AI 技术在网络安全领域的合法性和合规性。

8. 未来的发展方向

尽管 AI 技术面临诸多挑战，但其在网络安全领域的应用前景广阔。持续研究和创新，可以克服这些挑战，提升 AI 系统的安全性和可靠性。未来，AI 技术将在更多的网络安全应用中发挥关键作用，从威胁检测、攻击预测到自动响应和防御优化，全面提升网络防御能力。强化学习和生成对抗网络（GANs）等前沿技术的应用，将为网络防御带来新的可能性。通过不断探索和应用新的 AI 技术，网络安全领域的防御能力将得到显著提升。与此同时，跨学科合作和国际合作，将进一步推动 AI 技术的发展和应用。

三、区块链技术与网络安全

（一）区块链技术在数据隐私保护中的作用

1. 去中心化的数据存储

区块链的去中心化特性是其在数据隐私保护中最显著的优势之一。传统的集中式数据存储方式依赖单一的服务器或数据中心，这样的架构容易成为攻击目标，导致数据泄露。区块链通过将数据分布存储在多个节点上，避免了单点故障的风险。在区块链网络中，每个节点都保存一份完整的数据副本，这种冗余设计提升了数据的安全性。即使部分节点遭到攻击或破坏，其他节点仍然能够保持数据的完整性和可用性。此外，区块链的分布式账本技术确保了数据的不可篡改性，一旦数据写入区块链，任何人都无法未经授权修改，从而保障了数据的完整性和真实性。

2. 数据访问控制

数据访问控制是数据隐私保护的核心问题之一。区块链技术通过智能合约提供了灵活而强大的访问控制机制。智能合约是一种运行在区块链上的自执行代码，可以根据预设条件自动执行数据访问控制策略。智能合约的应用可以实现细粒度的访问控制。通过智能合约，数据拥有者可以设置具体的访问权限，只有满

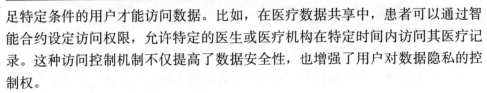

足特定条件的用户才能访问数据。比如，在医疗数据共享中，患者可以通过智能合约设定访问权限，允许特定的医生或医疗机构在特定时间内访问其医疗记录。这种访问控制机制不仅提高了数据安全性，也增强了用户对数据隐私的控制权。

3. 数据共享与隐私保护

数据共享在现代社会越来越重要，但如何在保障隐私的前提下实现安全的数据共享，是一个重要挑战。区块链技术通过其透明性和不可篡改性，为安全的数据共享提供了保障。在区块链网络中，所有数据交易都被记录在分布式账本上，且这些记录是公开可查的。这种透明性可以确保数据共享过程中的每一步都可以被审计和追溯，从而防止数据滥用。同时，区块链的不可篡改性确保了数据在共享过程中不会被恶意修改或删除。为进一步保护隐私，区块链技术还可以结合零知识证明（Zero-Knowledge Proofs）等密码学技术。在数据共享过程中，零知识证明允许数据提供者在不泄露数据内容的前提下，证明数据的真实性和合法性。这种方式可以实现数据隐私和数据共享的平衡。

4. 匿名性与可追溯性

区块链技术在保障数据隐私的同时，还需要解决匿名性与可追溯性之间的矛盾。在某些应用场景中，如金融交易和医疗数据，用户希望保持匿名以保护隐私，但同时也需要确保交易的合法性和数据的可追溯性。

区块链通过公私钥机制提供了一定程度的匿名性。用户可以通过生成和使用多个公私钥对，避免身份信息直接暴露在区块链网络上。然而，这种匿名性也带来了监管和合规的挑战。为了解决这一问题，区块链技术可以结合身份验证机制，如基于属性的加密（Attribute-Based Encryption）和去中心化身份认证（Decentralized Identity）。通过这些机制，区块链网络可以在保证用户匿名性的同时，实现必要的身份验证和数据追溯。比如，在金融交易中，用户的身份信息可以通过加密方式存储在区块链上，只有经过授权的机构才能解密和验证，从而在保护隐私的同时，确保交易的合规性和合法性。

5. 数据篡改防护

区块链技术的不可篡改性是其保护数据隐私的重要特性之一。传统的数据存储方式往往依赖集中式数据库，容易受到内部和外部攻击者的篡改。区块链通过其共识机制，确保了数据的不可篡改性。在区块链网络中，所有数据的写入和修改都需要经过多个节点的验证和确认。这种共识机制不仅提高了数据的可信度，也有效防止了恶意篡改。比如，在供应链管理中，产品的每一次流转和信息更新都被记录在区块链上，任何试图篡改数据的行为都会被其他节点发现和拒绝，从而保障了数据的真实性和完整性。

6. 加密与隐私保护

区块链技术结合了先进的加密技术，为数据隐私保护提供了多层次的保障。数据在传输和存储过程中，均采用强加密算法进行保护，确保未经授权的用户无法读取或篡改数据。公钥加密和私钥加密是区块链技术中常用的加密方法。数据所有者使用私钥对数据进行加密，只有拥有相应公钥的用户才能解密和访问数据。这种加密方式不仅保证了数据的机密性，也确保了数据的访问控制。此外，多重签名技术（Multi-Signature）可以用于重要数据的访问和交易，要求多个授权方共同签署，进一步提升了数据的安全性。

7. 隐私保护的法律与合规

在全球范围内，数据隐私保护的法律和合规要求不断提高。区块链技术在保护数据隐私方面，需要符合相关法律法规，如欧盟的《通用数据保护条例》（GDPR）和美国的《加州消费者隐私法》（CCPA）。

GDPR 对个人数据的收集、处理和存储提出了严格要求，区块链技术在满足这些要求方面具有天然优势。通过分布式账本和智能合约，区块链能够实现数据最小化和用户控制，符合 GDPR 对数据保护的原则。CCPA 强调消费者对个人数据的知情权和控制权，区块链的透明性和不可篡改性为实现这一目标提供了技术支持。

（二）基于区块链的去中心化安全架构

1. 共识机制的安全性

共识机制是区块链网络中用于确认交易和维护账本一致性的核心技术。不同于传统的集中式系统，区块链网络通过分布式节点的共识来确保数据的完整性和不可篡改性。常见的共识机制包括工作量证明（Proof of Work，PoW）、权益证明（Proof of Stake，PoS）和拜占庭容错（Byzantine Fault Tolerance，BFT）等。工作量证明机制通过复杂的计算任务，使得节点为争夺记账权而进行计算，确保了网络的安全性。虽然这种机制在防止双重支付和抗攻击性方面表现出色，但其高能耗问题备受争议。权益证明机制通过持币量和持币时间来决定节点的记账权，这种方式在降低能耗的同时，提升网络的安全性和效率。拜占庭容错机制通过容忍部分节点的恶意行为，保证了系统的稳定性和安全性，适用于需要高可靠性的区块链网络。

2. 去中心化身份认证

去中心化身份认证是基于区块链技术的一种新型身份管理方式。传统的身份认证系统依赖集中式的身份提供者，存在单点故障和隐私泄露的风险。DID 通过区块链技术，实现了用户对自身身份的自主控制和管理。在 DID 系统中，用户的身份信息以加密方式存储在区块链上，只有用户自己持有私钥可以访问和控制

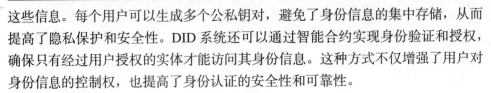

这些信息。每个用户可以生成多个公私钥对，避免了身份信息的集中存储，从而提高了隐私保护和安全性。DID 系统还可以通过智能合约实现身份验证和授权，确保只有经过用户授权的实体才能访问其身份信息。这种方式不仅增强了用户对身份信息的控制权，也提高了身份认证的安全性和可靠性。

3. 智能合约的安全性

智能合约是运行在区块链上的自执行代码，它能够自动执行预设的规定和协议，是区块链技术的重要组成部分。然而，智能合约的安全性问题也是区块链应用中的一个重要挑战。智能合约一旦部署在区块链上就无法修改，因此代码中的任何漏洞都会导致严重的安全问题。为了提高智能合约的安全性，开发者需要在合约编写和测试过程中采用严格的安全措施。比如，代码审计和形式化验证是两种常见的智能合约安全保障手段。代码审计通过专业的安全团队对智能合约进行全面的代码检查，发现潜在的漏洞和安全隐患。形式化验证则通过数学方法对智能合约的逻辑进行验证，确保合约在各种情况下都能正确执行。智能合约的自动化测试和持续监控也是保障其安全性的有效措施。

4. 分布式存储的应用

分布式存储技术是区块链去中心化架构的重要组成部分。传统的集中式存储方式面临数据丢失和单点故障的风险，而分布式存储通过将数据分散存储在多个节点上，提高了数据的安全性和可靠性。IPFS（Inter Planetary File System）是当前广泛应用的分布式存储技术之一，它通过哈希值来唯一标识文件，实现了数据的去重和高效存储。在区块链网络中，分布式存储不仅能够提高数据的安全性，还能增强系统的容错能力。每个节点保存的数据块可以通过加密和分片技术进行保护，即使某个节点的数据被破坏，系统仍然可以通过其他节点的数据副本进行恢复。分布式存储的另一个优势是提高了数据的访问速度和效率，通过节点之间的数据共享和同步，用户可以更快速地访问和下载所需的数据。

5. 隐私保护技术

区块链技术虽然具有透明性和公开性的特点，但在某些应用场景中，隐私保护仍然是一个重要需求。零知识证明和环签名（Ring Signature）是两种在区块链中应用广泛的隐私保护技术。零知识证明允许一方在不泄露具体信息的情况下，向另一方证明某个断言的真实性。比如，在身份认证中，用户可以通过零知识证明向服务提供者证明自己拥有某个身份而无须透露具体的身份信息。环签名则通过将签名者的身份混淆在一组可能的签名者中，确保签名者的匿名性。结合这些隐私保护技术，区块链能够在保障数据透明性的同时，保护用户的隐私和敏感信息。

第二节　网络安全技术的发展趋势

网络安全技术正在朝着智能化和自动化方向发展。本节将分析自动化安全工具和智能化防御技术的发展趋势，介绍这些技术在提升网络防御能力方面的潜力。理解这些发展趋势，有助于我们预测未来的安全需求。

一、自动化与智能化安全技术

（一）自动化漏洞检测与修复

自动化漏洞检测与修复是现代网络安全中至关重要的技术手段。随着网络攻击手段的不断升级，传统的人工漏洞检测和修复已经难以应对复杂的威胁环境。自动化漏洞检测系统通过预定义的规则和策略，能够实时扫描系统和网络中的潜在漏洞，显著提高检测效率和准确性。自动化漏洞检测利用多种技术手段，包括静态代码分析、动态行为分析和网络扫描等，全面覆盖潜在漏洞的各个方面。静态代码分析通过分析源代码，发现代码中的安全漏洞和潜在风险。动态行为分析则通过模拟攻击行为，评估系统在真实攻击下的响应情况。网络扫描通过扫描网络端口和服务，发现未授权的开放端口和服务，从而识别可能的攻击入口。

在漏洞修复方面，自动化系统可以在检测到漏洞后，自动生成修复补丁并进行部署。这一过程包括补丁的自动下载、测试和安装，确保漏洞在最短时间内得到修复，减少系统暴露在攻击风险中的时间。自动化漏洞检测与修复技术的应用，不仅增强了网络安全的防护能力，还减少了人为错误，提高了整体安全管理效率。

（二）智能化威胁检测与响应

智能化威胁检测与响应是利用人工智能和机器学习技术实现网络安全防护的一种先进手段。通过分析大量的网络数据和用户行为，智能化系统能够自动识别异常行为和潜在威胁，提供实时的安全防护。

智能化威胁检测系统通过训练数据集，学习正常和异常行为的特征，从而在实际应用中识别异常活动。比如，基于异常检测的算法可以识别网络流量中的异常模式，如突然增加的流量或不正常的访问行为，这些往往是网络攻击的征兆。

在威胁响应方面，智能化系统能够自动采取防护措施，如隔离受感染的设备、阻断恶意流量和通知管理员等。通过自动化的响应机制，智能化系统可以显著减少响应时间，降低安全事件的影响。智能化威胁检测与响应不仅提高了网络安全的防护能力，还使安全管理更加高效和精准。

（三）自动化补丁管理与部署

自动化补丁管理与部署是确保系统和应用安全性的重要措施。手动补丁管理不仅耗时费力，而且容易出现遗漏和错误。自动化补丁管理系统通过自动化工具和流程，能够高效、准确地完成补丁的下载、测试和部署。

自动化补丁管理系统首先通过定期扫描和检测，识别需要更新的系统和应用。然后，系统自动下载相应的补丁，并在测试环境中进行测试，确保补丁不会引发新的问题。测试通过后，补丁会自动部署到生产环境中，并监控部署过程中的任何异常情况。

自动化补丁管理的一个显著优势在于其高效性和一致性。通过预定义的策略和规则，系统能够在短时间内完成大量设备和应用的补丁更新，减少系统暴露在已知漏洞中的时间。自动化补丁管理与部署技术的应用，提高了系统的安全性和稳定性，减少了因补丁管理不善引发的安全风险。

（四）智能化日志分析与事件管理

智能化日志分析与事件管理是通过人工智能和大数据分析技术，对海量日志数据进行实时分析和处理，从中发现潜在的安全威胁和异常行为。这一技术在提升网络安全态势感知能力方面发挥了重要作用。

智能化日志分析系统通过对日志数据进行分类和模式识别，识别异常日志和潜在的安全事件。通过对历史日志数据的分析，系统能够建立正常行为的基线模型，从而在实际应用中识别异常活动。比如，系统可以检测到异常的登录尝试、非正常的文件访问和不寻常的网络连接等。

事件管理系统通过自动化流程，对检测到的安全事件进行处理和响应。系统可以根据预定义的策略，自动生成安全事件报告，通知相关管理员，并采取相应的防护措施，如隔离受感染的设备、阻断恶意流量等。智能化日志分析与事件管理技术的应用，不仅提高了网络安全的监控和响应能力，还使安全管理更加高效和智能化。

（五）自动化与智能化在身份认证中的应用

身份认证是网络安全的核心组成部分，通过验证用户身份，确保只有授权用户才能访问系统和资源。自动化与智能化技术在身份认证中的应用显著提升了认证的安全性和用户体验。

自动化身份认证系统通过预定义的规则和策略，自动执行用户身份的验证过程。这包括密码验证、多因素认证（MFA）和生物特征识别等。自动化身份认证系统能够高效、准确地完成身份验证，减少人为错误和延迟。

智能化技术在身份认证中的应用主要体现在行为分析和异常检测方面。智能化系统通过分析用户的行为模式，建立正常行为的基线模型。当检测到异常行为时，系统会自动触发额外的验证步骤，确保用户身份的合法性。比如，系统可以识别异常的登录尝试和不寻常的访问行为，从而提高身份认证的安全性。

二、全生命周期的安全防护

（一）安全需求分析阶段

安全需求分析是网络安全防护的起点，通过识别和评估系统的安全需求，确保在设计和开发阶段就考虑安全因素。这一阶段的重点在于了解系统的业务目标和功能需求，识别潜在的安全威胁和漏洞。

在安全需求分析阶段，安全专家与开发团队紧密合作，评估系统面临的威胁模型，并确定相应的安全目标和策略。通过威胁建模，团队能够识别系统的关键资产和潜在的攻击路径，从而制定相应的安全防护措施。这一过程包括对系统架构的分析、业务流程的梳理以及潜在威胁的评估。为了确保安全需求分析的全面性，通常采用多种方法进行安全需求收集和分析。比如，利用安全需求工程方法论（SRE）进行系统化的安全需求收集和分析；通过业务影响分析（BIA）评估安全事件对业务的潜在影响，以及使用风险评估模型（如 DREAD、STRIDE）对识别的威胁进行优先级排序和处理。安全需求分析阶段的目标是明确系统的安全需求，为后续的设计和开发阶段提供指导。

（二）安全设计与开发阶段

在安全设计与开发阶段，系统架构师和开发人员根据安全需求分析阶段的结果，制定和实施安全设计与开发策略。这一阶段的关键在于将安全需求融入系统的设计和开发过程中，确保系统在实现业务功能的同时具备必要的安全防护能力。安全设计包括系统架构设计和详细设计两个层次。在系统架构设计层次，架构师需要考虑系统的整体安全架构，包括网络拓扑、安全边界、访问控制机制、数据保护策略等。在详细设计层次，开发人员需要根据安全设计原则编写安全代码，确保代码中不存在已知的安全漏洞和缺陷。为了提高安全设计与开发的质量，通常采用安全开发生命周期（SDL）方法。在 SDL 过程中，开发团队需要在每个开发阶段进行安全审查和测试，包括设计评审、代码审查和安全测试等。设计评审通过对设计文档的审查，确保设计中充分考虑了安全需求；代码审查通过对源代码的审查，发现并修复潜在的安全漏洞；安全测试通过静态和动态分析工具，验证系统的安全性。

（三）安全测试与验证阶段

安全测试与验证阶段是确保系统在投入使用前具备足够安全性的关键环节。通过全面的安全测试和验证，发现并修复系统中的安全漏洞和缺陷，确保系统能够有效抵御潜在的攻击。安全测试包括多种测试方法和技术，主要分为静态测试和动态测试两类。静态测试通过分析源代码和二进制代码，发现代码中的安全漏洞和缺陷。常用的静态测试工具包括静态代码分析工具和安全审计工具等。动态测试通过模拟攻击行为，评估系统在运行时的安全性。常用的动态测试方法包括渗透测试、模糊测试和漏洞扫描等。在安全验证阶段，安全专家需要对系统进行全面的安全评估和验证，确保系统符合安全需求和标准。这一过程通常包括安全审计、合规性检查和风险评估等。通过安全审计，评估系统的安全控制措施和实施效果；通过合规性检查，验证系统是否符合相关的安全标准和法规要求；通过风险评估，评估系统面临的安全风险，并提出相应的改进措施。

（四）安全部署与运维阶段

安全部署与运维阶段是确保系统在生产环境中安全运行的重要环节。系统管理员通过安全部署和持续的安全运维，确保系统在实际使用中具备足够的安全性，能够有效抵御潜在的安全威胁。在安全部署阶段，系统管理员需要根据安全设计和配置策略，对系统进行安全配置和部署。这一过程包括网络配置、访问控制配置、安全策略配置等。为了确保系统部署的安全性，通常采用自动化部署工具和脚本，减少人为配置错误的风险。

安全运维阶段则包括系统的日常维护和监控，通过持续的安全监控和管理，确保系统的安全性和稳定性。安全运维的关键在于实时监控系统的运行状态，及时发现和响应潜在的安全事件。常用的安全运维工具包括入侵检测系统（IDS）、安全信息和事件管理系统（SIEM）和日志分析工具等。通过这些工具，系统管理员能够实时监控系统的安全状态，及时发现并处理安全事件。

（五）安全事件响应与恢复阶段

安全事件响应与恢复阶段是应对和处理安全事件的关键环节，通过及时有效的响应和恢复，减少安全事件对系统和业务的影响，确保系统的持续运行和业务的连续性。

安全事件响应的关键在于建立完善的事件响应机制和流程，确保在发生安全事件时能够迅速响应和处理。事件响应流程通常包括事件检测、事件评估、事件处理和事件报告等环节。在事件检测阶段，通过安全监控工具和系统日志，及时发现潜在的安全事件；在事件评估阶段，通过对事件的分析和评估，确定事件的性质和影响范围；在事件处理阶段，通过预定义的响应策略和措施，迅速隔离和处理安全事件，减少事件的影响；在事件报告阶段，通过事件报告和总结，评估事件响应的效果，提出改进措施。

安全事件恢复的关键在于建立完善的恢复机制和计划，确保在发生安全事件后能够迅速恢复系统和业务。恢复计划通常包括数据备份、系统恢复和业务连续性计划等。在数据备份阶段，通过定期的备份，确保在发生数据丢失或损坏时能够迅速恢复数据；在系统恢复阶段，通过系统恢复计划和工具，迅速恢复受影响的系统和服务；在业务连续性计划阶段，通过业务连续性管理，确保在发生安全事件时能够持续提供关键业务服务。

（六）安全意识培训与教育阶段

安全意识培训与教育是确保全生命周期安全防护的重要组成部分。通过系统化的培训和教育，增强全体员工的安全意识和技能，减少人为因素对系统安全的影响。在安全意识培训阶段，企业需要制订全面的培训计划，涵盖安全政策、操作规程、安全技能等内容。培训计划应包括定期的安全培训课程、在线学习资源和安全意识宣传活动等，确保员工掌握必要的安全知识和技能。

教育阶段则侧重于提升员工的安全意识和应对能力。通过模拟安全事件、实战演练和测试评估等方式，提升员工的实际操作能力和应对突发事件的能力。安全教育的目标是让员工认识到安全的重要性，并在日常工作中自觉遵守安全规程，减少人为错误和安全事件的发生。

（七）安全评估与改进阶段

安全评估与改进是确保系统安全性的持续提升和优化的重要环节。定期的安全评估和改进，能够及时发现和修复系统中的安全漏洞和缺陷，提升系统的整体安全性。在安全评估阶段，安全专家需要对系统进行全面评估和审计，包括安全控制措施、系统配置、操作流程等。安全评估可以发现系统中存在的安全问题，并提出相应的改进建议。安全评估的方法包括渗透测试、漏洞扫描、安全审计等。

改进阶段则侧重于落实评估结果，采取相应的安全改进措施。改进措施包括系统配置调整、安全策略更新、安全工具升级等。持续的改进可以确保系统在面对新的安全威胁时具备足够的防护能力。

三、可持续发展的安全技术

（一）绿色计算与网络安全

绿色计算是指通过优化计算资源的使用，以减少能源消耗和环境影响的技术和实践。随着全球环境问题的频繁爆发，绿色计算在网络安全领域的重要性日益凸显。绿色计算不仅关注能效，还注重系统的可持续性和长期运行的稳定性。

在网络安全中，绿色计算可以通过优化算法和硬件使用来减少能耗。比如，采用高效的加密算法和压缩技术，可以在保证数据安全的前提下减少计算资源的使用。虚拟化技术的应用也有助于提高资源利用率，减少硬件设备数量，从而降低整体能耗。此外，数据中心的绿色设计和运营也是绿色计算的重要组成部分。通过采用节能硬件、优化冷却系统和利用可再生能源，数据中心可以大幅降低能源消耗和碳排放。绿色计算在提升网络安全的同时，为实现可持续发展目标做出了重要贡献。

（二）可再生能源与数据中心安全

可再生能源的应用在数据中心运营中越来越受到重视。数据中心作为网络安全的核心基础设施，其稳定运行对网络安全至关重要。然而，传统的数据中心通常依赖不可再生的能源，这不仅对环境造成了负担，也增加了运营成本和风险。

采用可再生能源，如太阳能和风能，可以为数据中心提供稳定和可持续的电力供应。通过部署分布式能源系统，数据中心可以减少对传统电网的依赖，提高能源利用的弹性和可靠性。此外，可再生能源的使用还可以降低数据中心的碳足迹，符合环境保护和可持续发展的要求。数据中心的安全性不仅体现在物理和网络防护上，还包括能源供应的安全性。通过采用可再生能源，数据中心可以有效应对能源供应中断和价格波动的风险，提高整体运行的稳定性和可靠性。在网络安全策略中，综合考虑能源管理和可持续性，能够更好地保障数据中心的长期安全和稳定运行。

（三）生态系统视角下的网络安全

网络安全不仅涉及技术和策略，更是一个复杂的生态系统。这个生态系统包括各种硬件、软件、服务提供商、用户和监管机构。各方之间的互动和协作对网络安全的实现和可持续发展至关重要。生态系统视角强调在设计和实施安全技术时，要考虑整个系统的协调和可持续性。

在生态系统中，各组件的安全性和可靠性相互依赖。比如，安全的操作系统需要依赖安全的硬件，而安全的软件则需要安全的操作系统支持。服务提供商和用户也需要共同遵守安全规范和标准，确保系统的整体安全。为了实现可持续

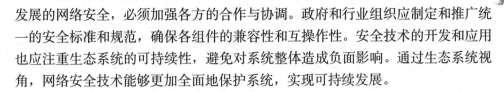

发展的网络安全，必须加强各方的合作与协调。政府和行业组织应制定和推广统一的安全标准和规范，确保各组件的兼容性和互操作性。安全技术的开发和应用也应注重生态系统的可持续性，避免对系统整体造成负面影响。通过生态系统视角，网络安全技术能够更加全面地保护系统，实现可持续发展。

（四）零信任架构与可持续安全

零信任架构是一种新的网络安全模型，其核心理念是不再信任任何内外部网络，所有访问请求都必须经过严格的验证。这一架构通过细粒度的访问控制和持续监控，有效应对复杂的网络威胁和攻击。零信任架构不仅提高了网络安全水平，也为实现可持续的安全防护提供了新的思路。

在零信任架构中，每个用户和设备都需要经过身份验证和权限认证，确保只有合法的访问请求才能通过。这一过程通常采用多因素认证（MFA）和加密技术，增强了身份验证的安全性。同时，零信任架构还要求对所有网络活动进行持续监控和分析，及时发现和响应异常行为。

零信任架构的可持续性体现在其动态和灵活的安全策略上。通过实时分析和调整安全策略，零信任架构能够适应不断变化的网络环境和威胁。此外，零信任架构强调最小权限原则，减少了不必要的访问权限和潜在风险，提高了系统的整体安全性和可靠性。通过零信任架构，网络安全能够更加动态和可持续地应对各种威胁，确保系统的长期安全运行。

（五）数据隐私保护与可持续发展

数据隐私保护是网络安全的重要组成部分，随着数据量的爆炸式增长和隐私泄露事件的频发，数据隐私保护在网络安全中的地位日益重要。可持续发展的安全技术不仅关注系统的安全性，还强调对用户数据隐私的保护和尊重。

在数据隐私保护中，加密技术和匿名化技术是重要手段。数据加密可以确保在传输和存储过程中的数据不被未授权的第三方访问。匿名化技术则通过去除或掩盖数据中的个人标识信息保护用户隐私。两者结合使用，可以有效减少数据泄露的风险。

数据隐私保护还需要制度和法律的保障。各国政府和国际组织应制定和实施严格的数据隐私保护法规，如《通用数据保护条例》（GDPR），规范企业和组织的数据处理行为，保障用户的隐私权。企业在开发和应用安全技术时，必须遵守相关法规和标准，确保数据隐私保护的合规性。通过技术和制度的双重保障，数据隐私保护能够实现可持续发展，为用户提供安全可靠的网络环境。数据隐私保护不仅是网络安全的基本要求，也是实现可持续发展目标的重要组成部分。

（六）人工智能与可持续网络安全

人工智能（AI）在网络安全领域的应用日益广泛，其强大的数据分析和处理能力为提升网络安全水平提供了新工具。AI技术可以通过自动化威胁检测和响应、智能化日志分析等手段，有效应对复杂多变的网络威胁。人工智能的应用不仅提高了网络安全效率，也为实现可持续的网络安全提供了新的路径。

AI技术在威胁检测中的应用主要体现在行为分析和模式识别方面。通过机器学习算法，AI系统可以从大量数据中学习正常和异常行为的特征，实时检测和识别潜在威胁。这种动态和自适应的检测方法能够有效应对未知和复杂的攻击，降低漏报和误报率。

在威胁响应方面，AI技术通过自动化和智能化手段，提高了响应速度和准确性。当检测到安全事件时，AI系统可以自动分析事件的性质和影响，生成响应策略，并自动执行相应的防护措施，如隔离受感染的设备、阻断恶意流量等。通过这种方式，AI技术不仅减少了人工干预，提高了响应效率，还增强了系统的可持续防护能力。

（七）物联网安全与可持续技术

物联网设备的普及在带来便利的同时也面临新的安全挑战。物联网设备通常资源有限，安全防护能力较弱，容易成为网络攻击的目标。可持续发展的网络安全技术在物联网安全中的应用，旨在提高设备的安全性和系统的整体防护能力。

物联网安全的关键在于设备的身份认证和数据加密。通过采用强身份认证机制，确保只有合法设备才能接入网络，防止未经授权的访问。数据加密则保护了设备间通信的安全性，防止数据在传输过程中被截获和篡改。采用轻量级加密算法，可以在不影响设备性能的前提下，提高数据传输的安全性。此外，物联网安全还需要结合边缘计算和区块链技术。边缘计算通过将计算和存储任务分散到网络边缘，减轻了中心服务器负担，提高了系统的响应速度和可靠性。区块链技术则通过分布式账本和共识机制，确保物联网设备之间的数据传输和交易的安全性和透明性。结合这些可持续发展的安全技术，物联网系统能够在提升性能的同时增强整体的安全防护能力。

（八）云计算与可持续网络安全

云计算作为现代信息技术的重要组成部分，提供了灵活和高效的资源使用方式。然而，云计算的安全性也面临诸多挑战，如数据泄露、访问控制和合规性问题。可持续发展的安全技术在云计算中的应用，旨在提升云环境的安全性和可靠性。

在云计算环境中，数据的存储和传输安全至关重要。采用强加密算法，确保数据在传输和存储过程中的机密性和完整性。密钥管理是实现数据加密的关键，通过安全的密钥管理系统，保护加密密钥的安全性，防止密钥泄露和滥用。

访问控制是云计算安全的另一重要方面。通过采用细粒度的访问控制策略，确保只有授权用户才能访问特定资源。多因素认证（MFA）是提高访问控制安全性的重要手段，通过结合多种验证方式，如密码、生物特征和硬件令牌，提高用户身份验证的安全性。

合规性是云计算安全的重要组成部分。云服务提供商需要遵守各国和各地区的相关法律法规，确保数据处理和存储的合规性。通过定期的安全审计和评估，验证系统的安全性和合规性，确保云计算环境的持续安全。

（九）协同安全与可持续防护

协同安全是一种综合的安全防护策略，通过多个层次和方面的合作与协作，实现系统的整体安全性。协同安全强调不同安全技术和措施的协同作用，形成多层次、多维度的安全防护体系。可持续发展的协同安全技术，旨在提升系统的整体防护能力，确保系统在面对复杂多变的威胁时具备足够的抵御能力。

在协同安全体系中，防火墙、入侵检测系统（IDS）和安全信息与事件管理系统（SIEM）等技术相互配合，形成完整的防护链条。防火墙通过控制网络流量，阻断未授权的访问；IDS通过监控网络行为，实时检测和预警潜在威胁；SIEM通过收集和分析安全事件，提供全面的安全态势感知和响应。

协同安全还需要加强各个环节和部门之间的沟通与合作。通过建立统一的安全管理平台，整合各类安全技术和措施，提高安全事件的响应速度和处理效率。此外，定期的安全演练和应急演习，能够提高团队的协作能力和应对突发事件的能力。协同安全可以实现系统的可持续防护，提升整体的安全水平。

（十）安全技术的持续创新与发展

可持续发展的安全技术需要不断的创新与发展，以应对日益复杂和多样化的网络威胁。技术创新是提升安全防护能力的关键，通过研究和开发新型安全技术，推动网络安全的持续进步。

新型加密算法和协议的开发，是安全技术创新的重要方向。随着计算能力的提升，传统的加密算法面临破解的风险，新型加密算法如量子加密和同态加密，提供了更高的安全性和抗攻击能力。此外，新的网络协议如HTTP/3，通过优化数据传输和安全机制，提高了网络的整体安全性和性能。

人工智能技术的应用为安全技术的创新提供了新的思路。智能化的数据分析和威胁检测技术，可以实时识别和响应复杂的网络攻击，提高系统的防护能力。

可持续发展的安全技术还需要加强学术研究和行业合作。高校和科研机构的

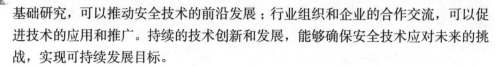

基础研究，可以推动安全技术的前沿发展；行业组织和企业的合作交流，可以促进技术的应用和推广。持续的技术创新和发展，能够确保安全技术应对未来的挑战，实现可持续发展目标。

第三节　网络安全技术的应用前景

未来的网络安全技术应用将更加广泛和深入。本节将探讨智能城市、工业互联网等领域中的网络安全技术应用，分析这些技术在不同场景下的实际效果和潜在价值。理解这些应用前景，可以为我们提供新的研究方向和思路。

一、智能城市中的网络安全应用

（一）智能交通系统的安全性

智能交通系统（ITS）在现代城市中起到了至关重要的作用，通过先进的信息技术和数据通信技术提高交通管理效率。然而，智能交通系统的复杂性和互联性也使其面临诸多安全挑战。

智能交通系统依赖大量的传感器、摄像头和通信设备，这些设备通过物联网连接，实现实时数据采集和传输。这种广泛的连接性带来了潜在的安全风险，攻击者可以通过物理或网络途径，干扰交通信号、篡改传感器数据，甚至控制交通设备，导致交通混乱和安全事故。为了保障智能交通系统的安全，需要采取多层次的安全措施。加强设备的物理安全是首要任务，以防设备被非法访问或篡改。加密通信和身份验证，能够确保数据传输的安全性和完整性。此外，智能交通系统需要具备强大的威胁检测和响应能力，能够实时监控和分析网络流量，及时发现并阻止异常行为和攻击活动。在实际应用中，智能交通系统的安全性不仅依赖技术措施，还需要完善的管理和运营机制。比如，制定和执行严格的安全标准和规程，对系统进行定期的安全评估和更新，确保系统始终处于最佳安全状态。多方协作和信息共享，可以提升整体防护能力，构建一个安全、可靠的智能交通系统。

（二）智能电网的网络安全

智能电网是智能城市的重要基础设施，通过集成信息技术和电力系统，实现电力的高效生产、传输和分配。然而，智能电网的高度互联性和自动化程度，使其面临严重的网络安全威胁。

智能电网包括智能计量、配电自动化、需求响应等系统，这些系统之间通过网络互联，形成一个复杂的电力物联网。攻击者可以通过网络入侵，窃取敏感数据、操控电力设备，甚至发起大规模的电力中断攻击，威胁城市的正常运行。为了保障智能电网的安全，需要从多个方面进行防护。加密通信和访问控制，能够确保数据传输的机密性和完整性。智能电网需要具备强大的网络监控和入侵检测能力，能够实时识别和响应网络攻击。此外，智能电网的设计和实施需要遵循严格的安全标准和规范，确保系统的安全性和可靠性。

在智能电网的实际运行中，安全防护措施还需结合具体的应用场景和需求。比如，在智能计量系统中，需要特别关注用户数据的隐私保护和防篡改措施；在配电自动化系统中，则需要确保控制信号的安全传输和执行。此外，通过建立智能电网安全应急响应机制，提高系统应对突发事件的能力，保障电力供应的连续性和稳定性。

（三）智能建筑的安全管理

智能建筑通过集成物联网技术，实现对建筑环境、能源消耗和安防系统的智能管理。然而，智能建筑的广泛连接性和数据依赖性，使其面临多种网络安全威胁。智能建筑中大量的传感器和控制设备，通过物联网连接，实现对温度、湿度、照明和安防系统的自动控制。这些设备的互联性带来了潜在的安全风险，攻击者可以通过网络入侵，篡改传感器数据、控制建筑设备，甚至发起物理破坏。为了保障智能建筑的安全，需要采用综合的安全策略。其一，身份验证和访问控制能够确保只有授权人员和设备才能访问和控制系统。其二，加密通信可以保护数据传输的机密性和完整性。其三，智能建筑需要具备强大的安全监控和管理能力，能够实时检测和响应安全事件，确保建筑环境的安全和稳定。

在智能建筑的具体应用中，安全防护措施需要根据建筑的功能和用途制定。比如，在商业建筑中，需要特别关注网络安全和信息保护，防止商业机密和客户数据泄露；在住宅建筑中，则需注重隐私保护和设备安全，保障住户的安全和隐私。结合技术措施和管理机制，可以构建一个安全、高效的智能建筑系统。

（四）智能医疗系统的隐私保护

智能医疗系统通过集成信息技术和医疗设备，实现对患者健康数据的实时监测和管理。然而，智能医疗系统中大量敏感数据的存储和传输，使其面临严重的隐私和安全威胁。

智能医疗系统包括电子健康记录、远程医疗、智能诊断设备等，这些系统之间通过网络互联，实现数据共享和协同医疗。攻击者可以通过网络入侵，窃取或篡改患者的健康数据，甚至控制医疗设备，威胁患者的安全。为了保障智能医疗系统的隐私和安全，需要采取多层次的防护措施。加密存储和传输可以保护患者数据的机密性和完整性。强大的身份验证和访问控制能够确保只有授权人员才能访问和操作系统。此外，智能医疗系统需要具备强大的安全监控和事件响应能力，以实时检测和处理安全事件，保护患者的数据和安全。

在智能医疗系统的实际应用中，隐私保护和安全防护措施需要结合医疗服务的特点和需求。比如，在远程医疗中，需要特别关注数据传输的安全性和可靠性，确保医生和患者之间的通信不被窃听和篡改；在智能诊断设备中，则需确保设备的安全运行和数据的准确性，保障诊断结果的可靠性。多方协作和信息共享可以提升智能医疗系统的整体安全水平。

（五）智能城市综合安全平台

智能城市建设涉及多个领域，包括交通、电力、建筑和医疗等，各系统之间相互关联，形成一个复杂的网络生态系统。为了有效保障智能城市的安全，需要建立一个综合的安全平台，协调和管理各子系统的安全防护。

智能城市综合安全平台通过集成各子系统的安全数据，实现统一的安全监控和管理。该平台能够实时收集和分析各子系统的安全事件，识别潜在的威胁和攻击。通过自动化的安全响应机制，平台可以协调各子系统，采取相应的防护措施，防止攻击的扩散和影响。此外，智能城市综合安全平台还需要具备强大的威胁情报和预测分析能力。通过集成威胁情报源，平台能够识别新的攻击模式和趋势，提前预警并制定防护策略。智能城市综合安全平台的建立，不仅提高了整体安全性，也为智能城市的持续发展提供了坚实的保障。

智能城市综合安全平台的设计和实施，需要结合具体的城市特点和需求。比如，在交通领域，需要特别关注交通信号和车辆的安全管理，确保交通系统的正常运行；在电力领域，则需确保电力系统的安全稳定运行，保障城市的电力供应。建立智能城市安全应急响应机制可以提高系统应对突发事件的能力，保障城市的安全和稳定。

二、工业互联网的安全技术应用

（一）工业控制系统的安全防护

工业互联网连接了大量的工业控制系统（ICS），这些系统广泛应用于制造、能源、交通等领域，对经济和社会的正常运行至关重要。随着工业互联网的普及，ICS面临的网络安全威胁日益严峻，攻击者可以通过网络入侵，操控设备、篡改数据，甚至破坏生产过程，导致严重的安全事故和经济损失。

工业控制系统的安全防护需要从多个层次进行综合考虑。其一，物理安全措施可以防止未经授权的人员接触和篡改控制设备。其二，网络安全措施应包括防火墙、入侵检测系统和安全网关，防止外部攻击者通过网络途径入侵控制系统。

数据安全措施则包括加密传输和存储，确保数据的机密性和完整性。

综合这些措施，工业控制系统的安全防护可以显著提升。强化物理安全、网络安全和数据安全，能够有效抵御外部攻击，保障工业互联网的稳定运行。未来还需不断完善和更新安全策略，以应对新兴的网络威胁和挑战，确保工业控制系统的长期安全性。

（二）物联网设备的安全管理

工业互联网中广泛应用的物联网（IoT）设备，通过传感器和控制器实现对工业过程的监控和管理。然而，IoT 设备由于数量众多、分布广泛，且安全防护能力有限，容易成为网络攻击的目标。为了提高物联网设备的安全性，企业需要采取一系列安全管理措施。设备的固件和软件需要定期更新和修补，及时修复已知的安全漏洞。通过设备认证和身份验证，确保只有授权的设备才能接入工业互联网网络。数据加密和访问控制也是关键措施，确保设备通信的安全性和数据的机密性。这些安全管理策略，可以显著提升物联网设备的安全性。定期更新和认证验证机制确保了设备的可信度，加密通信和严格的访问控制则有效防止数据泄露和非法访问。未来，管理策略和技术手段还需不断优化，以应对不断变化的安全威胁，确保物联网设备的持续安全。

（三）工业大数据的安全保护

工业互联网中产生的大量数据，包括生产数据、设备数据和环境数据，是工业智能化的重要基础。然而，工业大数据的广泛收集、存储和使用，也带来了严重的安全和隐私问题。攻击者可以通过窃取和篡改工业大数据，获取敏感信息，甚至破坏工业过程。为了保护工业大数据的安全，企业需要采取一系列技术和管理措施。通过数据加密和访问控制，确保数据在传输和存储过程中的机密性和完整性。建立数据安全监控和审计系统，实时监控数据的使用情况，发现并处理异常行为。数据备份和恢复也是关键措施，确保在数据被破坏或丢失时，能够及时恢复数据，保证工业过程的连续性。这些措施的实施，将大幅提升工业大数据的安全水平。数据加密和监控审计系统提供了强有力的防护，备份和恢复机制则确保了数据的可用性和完整性。未来，随着技术的不断进步，工业大数据安全保护措施还需持续改进和完善，以应对日益复杂的网络威胁，确保工业大数据的长期安全。

（四）工业互联网的网络安全架构

工业互联网的网络安全架构设计是保障其安全运行的重要基础。传统的网络安全架构主要依赖边界防护和集中控制，而工业互联网的高度互联性和复杂性，要求更为灵活和分布式的安全架构。

在工业互联网的网络安全架构设计中，需要考虑以下几个关键方面。其一，分段网络和访问控制，可以限制不同区域和设备之间的访问，减少攻击面。其二，采用分布式安全防护措施，包括分布式防火墙、入侵检测系统和安全网关，提高网络的整体防护能力。其三，数据安全措施则包括数据加密、数据完整性校验和数据审计，确保数据的安全性和可追溯性。这些设计原则和技术手段的综合应用，将有效提升工业互联网的网络安全性。灵活的分段网络、分布式防护措施和数据安全技术，能够在保障网络安全的同时，满足工业互联网的高效运行需求。未来，企业需要不断探索和引入新的安全技术，以进一步增强网络安全架构的防护能力和适应性。

（五）工业互联网的安全运营和管理

工业互联网的安全运营和管理是保障其长期安全运行的重要环节。随着工业互联网的不断发展，其安全威胁和风险也在不断变化和升级，需要通过持续的安全运营和管理，及时发现和处理安全问题。在工业互联网的安全运营和管理中，企业需要建立完善的安全管理体系和机制，通过安全风险评估和安全测试，及时发现系统中的安全漏洞和风险点。建立安全事件响应和处理机制，确保在发生安全事件时，能够迅速响应和处理，降低安全事件的影响。安全培训和意识提升也是关键措施，可以增强员工的安全意识和技能，增强整体安全防护能力。持续完善的安全运营和管理体系，可以显著提升工业互联网的安全水平。风险评估、安全测试和事件响应机制的有效结合，能够确保系统的防护能力和快速反应能力。不断提升员工的安全意识和技能水平可以进一步巩固安全运营的基础，保障工业互联网的长期稳定和安全运行。

三、未来网络安全技术的研究方向

（一）机器学习在网络安全中的应用

机器学习（ML）在网络安全中的应用前景广阔。随着网络攻击的复杂性和多样性不断增强，传统的网络安全防护措施显得力不从心。引入 ML 技术，可以实现更智能和高效的网络安全防护。

ML 技术可以通过对大量网络流量数据的分析，识别潜在的安全威胁。比如，通过训练神经网络，计算机可以识别正常网络行为和异常行为之间的差异，从而检测出潜在的网络攻击。这种方法不仅能够提高检测的准确性，还可以降低误报率。此外，ML 技术还可用于自动化威胁响应。当检测到安全威胁时，系统可以自动采取相应的防护措施，如阻断攻击流量、隔离受感染的系统等。这种方式可以显著缩短响应时间，减小安全事件对网络的影响。

在恶意软件检测方面，ML 技术同样具有显著优势。传统的恶意软件检测方法依赖已知的特征码，但面对日益增多的变种和新型恶意软件，这种方法显得捉襟见肘。通过对大量恶意软件样本进行学习，系统可以识别恶意软件的行为模式，从而检测出未知的恶意软件。未来，随着 ML 技术的不断发展，其在网络安全中的应用将更加广泛和深入。不断优化和完善算法，网络安全防护的智能化水平将会大幅提升，为网络环境的安全稳定运行提供更有力的保障。

（二）区块链技术在网络安全中的应用

区块链技术由于其去中心化、不可篡改和高度透明的特性，在网络安全领域具有广阔的应用前景。区块链技术可以实现数据的高度安全存储和传输，防止数据被篡改和伪造。

在身份验证方面，区块链技术可以提供更加安全可靠的解决方案。传统的身份验证方法容易受到攻击，如密码泄露、钓鱼攻击等。区块链技术可以实现去中心化的身份验证，每个用户的身份信息都记录在区块链上，无法被篡改或伪造，从而大大提高身份验证的安全性。此外，区块链技术在数据完整性保护方面也有重要应用。在数据存储和传输过程中，数据会被篡改或丢失。将数据哈希值记录在区块链上，可以确保数据的完整性和真实性。当数据被篡改时，哈希值会发生变化，区块链系统可以立即检测出异常并报警。

在物联网安全领域，区块链技术也展现出巨大潜力。物联网设备数量众多，安全管理困难。区块链技术可以实现物联网设备的去中心化管理和数据共享，确保设备之间的通信安全。此外，区块链技术还可以用于追踪设备的历史记录，防止设备被篡改和非法使用。

（三）量子计算对网络安全的影响

量子计算的快速发展对现有的网络安全体系构成了巨大挑战。传统的加密算法，如 RSA 和 ECC，在量子计算面前显得脆弱不堪。量子计算机能够在极短时间内破解这些算法，从而威胁数据的安全性。

面对量子计算的威胁，研究人员正在积极开发抗量子计算的加密算法。量子密钥分发（QKD）是其中一种具有潜力的技术。QKD 利用量子力学的原理，确保密钥的传输过程绝对安全。任何对密钥传输的窃听行为都会被检测到，从而保证密钥的安全性。量子计算还可以用于提高网络安全防护的计算能力。量子计算机的高速计算能力，可以更快地处理海量网络数据，及时发现和应对潜在的安全威胁。比如，量子计算可以加速密码分析和破解，帮助安全专家更快地识别和修复安全漏洞。在网络攻击检测方面，量子计算具有广阔的应用前景。量子计算机的高效数据处理能力，可以实时分析海量网络流量，及时检测出异常行为和攻击行为。这对于提升网络安全防护的实时性和准确性具有重要意义。

（四）物联网安全技术的发展

物联网技术的快速发展，使得数十亿设备连接到网络，带来了前所未有的便利和创新。与此同时，物联网设备的安全性问题也日益凸显。物联网设备通常具有计算能力有限、存储空间小、安全防护措施不足等特点，容易成为网络攻击的目标。为了解决物联网设备的安全问题，研究人员正在积极开发和应用各种安全技术。比如，轻量级加密算法适用于计算能力有限的物联网设备，可以提供高效的加密保护。这些加密算法可以确保物联网设备之间的数据传输安全，防止数据被窃取和篡改。

设备认证和访问控制技术也是物联网安全的重要组成部分。设备认证可以确保只有合法的设备才能接入物联网网络。访问控制技术则可以限制设备的访问权限，防止未经授权的设备进行非法操作。这两项技术相结合，可以大大提高物联网设备的安全性。

入侵检测和防御系统（IDPS）在物联网安全中发挥重要作用。在物联网网络中部署 IDPS，可以实时监控设备的行为，及时发现和应对潜在的安全威胁。IDPS 可以根据设备的行为模式，检测出异常行为，并采取相应的防御措施，防止攻击者对物联网设备进行入侵和破坏。

（五）5G 网络安全技术的发展

5G 网络的快速普及为社会带来了巨大的变革，但同时也带来了新的安全挑战。5G 网络具有高速率、低时延和大容量的特点，广泛应用于智能城市、自动驾驶、远程医疗等领域。这些应用对网络安全提出了更高的要求。为了应对 5G 网络带来的安全挑战，研究人员正在开发和应用各种先进的安全技术。比如，网络切片技术可以将物理网络划分为多个虚拟网络，每个虚拟网络可以根据不同的安全需求进行定制和管理。网络切片技术可以为不同的应用场景提供专门的安全保护，确保网络的安全性和可靠性。

5G 网络中的边缘计算技术也为网络安全提供了新的解决方案。边缘计算将数据处理和存储从中心节点移动到网络边缘，可以降低数据传输的延迟，提高数据处理的实时性。在边缘节点部署安全防护措施，可以有效保护数据的安全性，防止数据在传输过程中被窃取和篡改。

身份验证和访问控制技术在 5G 网络中同样重要。5G 网络中的设备数量众多，身份验证和访问控制技术可以确保只有合法设备和用户才能接入网络。多因素认证和动态访问控制，可以提高网络的安全性，防止非法设备和用户对网络进行攻击和破坏。

（六）云计算与大数据安全技术

云计算和大数据技术的迅速普及带来了前所未有的数据处理和存储能力，但也对数据的安全性提出了新的挑战。由于数据在云端集中存储和处理，任何安全漏洞都会导致大规模的数据泄露和损失。因此，云计算和大数据安全技术的发展成为网络安全领域的重要研究方向。

数据加密技术在云计算和大数据安全中起重要作用。通过在数据存储和传输过程中使用强加密技术，可以有效防止数据被窃取和篡改。除了传统的加密方法，基于同态加密和属性基加密新型技术正在被广泛研究和应用。这些技术不仅可以保证数据的机密性，还可以在不解密数据的情况下进行计算，极大地提高了数据处理的安全性。

访问控制和身份验证技术是云计算和大数据安全的重要组成部分。在多租户环境中，确保不同用户和应用之间的隔离是至关重要的。基于角色的访问控制和基于属性的访问控制等技术，可以根据用户的身份和属性，动态地管理其对数据和资源的访问权限。多因素身份验证进一步提高了用户身份验证的安全性，防止未经授权的访问。此外，云计算和大数据环境中的安全监控和审计也是研究的重点。部署实时监控和审计系统，可以及时发现和应对潜在的安全威胁。同时，这些系统可以自动分析海量日志和行为数据，识别异常行为和攻击模式，从而提高安全事件响应的效率和准确性。

数据隐私保护技术在云计算和大数据安全中扮演越来越重要的角色。随着隐私保护法规的不断完善，如何在保证数据分析和挖掘价值的同时，保护个人隐私成为一个重要课题。差分隐私技术通过在数据中引入噪声，有效保护了个人隐私，同时保证了数据分析结果的准确性。

（七）边缘计算与网络安全

边缘计算是指在靠近数据源的地方进行数据处理和存储，而不是将所有数据传输到远程数据中心。随着物联网设备数量的激增，边缘计算在降低延迟和提高实时性方面具有显著优势。然而，边缘计算也带来了新的网络安全挑战，因为边缘设备通常具有较弱的计算和存储能力，且分布广泛，难以集中管理。为了应对这些挑战，研究人员提出了多种边缘计算安全解决方案。轻量级加密技术可以在不增加计算负担的情况下，保护边缘设备上的数据安全。使用对称加密和公钥加密相结合的方法，可以在设备之间建立安全通信通道，防止数据被窃取或篡改。此外，分布式密钥管理系统可以实现密钥的动态生成和更新，增强数据传输的安全性。

边缘计算环境中的访问控制和身份验证技术至关重要。基于设备身份和行为分析的访问控制系统，可以动态调整设备的访问权限，确保只有合法设备和用户才能访问敏感数据和资源。多因素身份验证技术，如生物识别、智能卡和动态口令，进一步提高了身份验证的安全性，防止未经授权的访问和攻击行为。

边缘计算环境中的威胁检测和响应系统同样重要。在边缘节点部署入侵检测和防御系统，可以实时监控设备和网络流量，及时发现并阻止潜在的攻击。结合人工智能技术，这些系统可以自动分析大量数据，识别异常行为和攻击模式，提供快速和准确的威胁响应，确保边缘计算环境的安全性和稳定性。

（八）零信任安全架构的发展

零信任架构的核心思想是"永远不信任，始终验证"，它通过微分段、动态访问控制和持续监控等技术手段，确保网络的安全性和稳定性。

在零信任架构中，微分段技术将网络划分为多个细小的隔离区，每个隔离区内的资源和用户都必须经过严格的身份验证和访问控制。这种方式可以有效防止攻击者在网络内部横向移动，降低安全风险。微分段技术结合软件定义网络和网络功能虚拟化，可以实现灵活的网络分段和动态调整，进一步提高网络的安全性。

动态访问控制是零信任架构的重要组成部分。与传统的静态访问控制不同，动态访问控制根据用户的行为、位置、设备状态等实时信息，动态调整访问权限。这种方式可以有效防止已被入侵的设备或用户继续访问网络资源，从而减少安全威胁。

持续监控和威胁检测技术在零信任架构中也发挥重要作用。对网络流量、用户行为和系统日志的实时监控，结合机器学习和大数据分析技术，可以及时发现和响应潜在的安全威胁。持续监控系统能够自动识别异常行为和攻击模式，并采取相应的防御措施，确保网络的安全性和稳定性。

本章我们详细探讨了新兴技术对网络安全的深远影响和未来发展方向。物联网、人工智能和区块链技术的快速发展，带来了新的安全挑战和机遇。这些技术的应用不仅扩展了网络的边界，也激发了新的安全需求，促使我们重新定义和强化网络防御措施。

新兴技术的融合与应用，正在推动网络安全技术朝着智能化和自动化方向发展。智能化安全技术利用机器学习和深度学习提升了威胁检测和响应的精准度，自动化安全技术通过减少人为操作提高了防御措施效率和可靠性，这些进展为构建动态、灵活的安全防护体系提供了有力支持。全生命周期的安全防护策略强调从系统开发到部署再到维护的全过程安全管理。这一策略通过全面覆盖各个阶段的安全需求，削弱了系统在不同生命周期阶段的脆弱性，提升了整体安全水平。

实施全生命周期安全防护，有助于从根本上减少安全风险，为系统的长期稳定运行提供保障。新兴技术正在深刻改变网络安全的格局。通过不断探索和创新，我们在应对新兴安全威胁方面取得了明显进展，希望这些研究成果能够为学术界和业界提供宝贵的参考，推动网络安全技术的持续发展。面对未来复杂多变的安全环境，我们需要持续优化和完善防御策略，确保网络环境的安全与稳定。

参考文献

[1] 谷金宇，张宁，高峰，等 . 基于 SDN 云网络架构的全感知虚拟机房系统 [J].
计算机工程与设计，2023，44（11）：3250–3257.

[2] 李生勤 . 防火墙技术在计算机网络安全中的应用分析 [J]. 数字通信世界，2023
（10）：125–127.

[3] 王玉苹 . 论计算机网络安全中数据加密技术的应用 [J]. 电脑编程技巧与维护，
2023（10）：166–169.

[4] 邵元发 . 人工智能技术在计算机网络安全中的应用 [J]. 造纸装备及材料，
2023，52（10）：112–114.

[5] 孔静静 . 基于计算机网络信息安全中数据加密技术的应用分析 [J]. 中国新通信，
2023，25（19）：93–95.

[6] 魏建英 . 试论计算机网络安全中虚拟网络技术的应用 [J]. 网络安全技术与应用，
2015（11）：120–121.

[7] 郭金华，蔡德饶 . 计算机网络安全中虚拟网络技术的应用探析 [J]. 中国新通信，
2016，18（2）：94.

[8] 雷鸣 . 计算机网络安全中虚拟网络技术的应用 [J]. 中国新通信，2016，18
（5）：59.

[9] 张莹 . 计算机网络安全中虚拟网络技术的应用研究 [J]. 电脑知识与技术，2015，
11（35）：29–30.

[10] 曹邦勇 . 浅析计算机网络安全中虚拟网络技术 [J]. 科技展望，2016，26
（9）：5.

[11] 丁全峰 . 计算机网络安全中虚拟网络技术的实践与应用 [J]. 中国新通信，
2016，18（4）：98.

[12] 周源 . 虚拟网络技术在计算机网络安全中的有效运用 [J]. 江西电力职业技术
学院学报，2016，29（1）：30–33.

[13] 雷琳 . 虚拟网络技术在计算机网络安全中的应用研究 [J]. 信息系统工程，2016
（8）：74.

[14] 黄丽宏 . 简析计算机网络安全中虚拟网络技术的作用效果 [J]. 网络安全技术

与应用，2017（11）：26，39.

[15] 郭海静．云计算背景下计算机网络安全技术研究 [J]．网络安全技术与应用，2023（12）：70–72.

[16] 谭江汇，周亮，罗小刚．智能化计算机网络安全技术的应用研究 [J]．中国新通信，2023，25（16）：84–86.

[17] 刘晓荣，顾润龙．计算机安全技术智能化发展趋势思考——评《计算机网络安全原理》[J]．中国安全科学学报，2023，33（6）：234.

[18] 邓泽．智能化计算机安全监控信息网络技术探析 [J]．信息记录材料，2021（4）：214–215.

[19] 陈婉莹，杨正军，翟世俊．基于态势感知的移动互联网安全监测研究 [J]．信息安全与通信保密，2019，17（8）：36–41.

[20] 姚良群．基于计算机网络的多媒体点播软件 [J]．微计算机应用，2001（3）：67.

[21] 翟志华．数据加密技术在计算机网络安全中的实践思考 [J]．数字通信世界，2019（5）：210–211.

[22] 刘扬，白秋颖．计算机网络的发展及应用 [J]．电脑知识与技术，2005（4）：3.

[23] 田青，邵美科．信息管理与信息系统专业"计算机网络"课程教学的思考与实践 [J]．计算机教育，2009（24）：3.

[24] 朱颖琪．数据加密技术在计算机网络安全中的应用研究 [J]．电力大数据，2017（11）.

[25] 郭江洲．计算机网络安全技术在电子商务中的应用 [J]．网络安全技术与应用，2022（3）：98–99.

[26] 何炜，王皓，何佳颖，等．计算机网络安全技术在电子商务中的应用探讨 [J]．信息记录材料，2021（12）：22.

[27] 李志明．浅谈大数据时代计算机网络安全技术 [J]．电子元器件与信息技术，2022，6（7）：159–161.

[28] 吴瑞．基于电子商务环境下的计算机网络安全技术应用探析 [J]．电脑知识与技术，2022（10）：18.

[29] 郑加林，于曦，张修军，等．计算机网络安全技术课程教学改革 [J]．信息与电脑（理论版），2017（6）：255–256.

[30] 邓易．电子商务中计算机网络安全技术的应用 [J]．信息与电脑（理论版），2017（4）：194–195.

[31] 高辉．计算机网络安全技术与防范措施探讨 [J]．电子测试，2017（10）：57，56.

[32] 孙会儒. 计算机网络安全技术及其完善对策探析 [J]. 电子测试，2017（6）：120，119.

[33] 陈福群，史原恺. 数据加密技术在计算机网络安全中的运用 [J]. 信息与电脑（理论版），2024，36（7）：233–235.

[34] 伊玉军. 计算机网络安全中数据加密技术的应用 [J]. 数字技术与应用，2017（9）：177–178.